国家自然科学基金资助项目（51168040）
宁夏回族自治区科技支撑计划项目（2012ZYS159）

宁夏西海固回族聚落营建及发展策略研究

燕宁娜　著

中国建筑工业出版社

图书在版编目（CIP）数据

宁夏西海固回族聚落营建及发展策略研究 / 燕宁娜著 .
北京：中国建筑工业出版社，2015.10
ISBN 978-7-112-18507-8

Ⅰ.①宁…　Ⅱ.①燕…　Ⅲ.①回族—乡村—聚落环境—
研究—宁夏　Ⅳ.①TU241.4

中国版本图书馆 CIP 数据核字（2015）第 227953 号

责任编辑：唐　旭　杨　晓
责任校对：李欣慰　姜小莲

　　　　　　宁夏西海固回族聚落营建及发展策略研究
　　　　　　燕宁娜　著
　　　　　　＊
中国建筑工业出版社出版、发行（北京西郊百万庄）
各地新华书店、建筑书店经销
北京嘉泰利德公司制版
廊坊市海涛印刷有限公司印刷
　　　　　　＊
开本：787×1092毫米　1/16　印张：12¼　字数：292千字
2016 年 1 月第一版　2016 年 1 月第一次印刷
定价：48.00元
ISBN 978-7-112-18507-8
　　　　　（27754）
版权所有　翻印必究
如有印装质量问题，可寄本社退换
（邮政编码 100037）

序

　　宁夏是我国重要的回族聚居地，也是我国唯一的省级回族自治区。宁夏南部的西海固地区则是全国最大的回族聚居区，也是全国生态环境最为脆弱的地区之一，素有"苦甲天下"之称。长期以来的生态系统失调、自然灾害频繁、水资源极度匮乏导致该区域成为国家级贫困区。在受到诸多因素约束的区域中，如何应对环境，创造适宜建筑，营建适宜聚落，解决资源、经济、社会、文化、宗教之间的内在矛盾，建立符合区域发展的乡村人居环境体系，将会成为该地区发展的关键所在。

　　然而，到目前为止对于回族聚居区的研究多数集中在文化、经济、宗教、制度、民族关系等方面。成果多见于人类学、社会学、宗教学、民族学等学科领域，而缺乏城乡规划、建筑学领域的相关研究成果，表现出研究领域学科的不平衡。宁夏回族聚居区的研究更是主要集中在个案研究方面，缺乏具有指导性、可推广的研究成果。而对于西海固地区的研究主要是从人文地理学、经济学、人类学、民族学、宗教学、环境生态学等角度出发，试图解决该地区生态环境、经济发展、宗教信仰、社会文化等方面的问题，鲜有从回族乡土建筑、回族乡村聚落建设层面的相关研究。所以，对于西海固地区回族乡土建筑、乡村聚落层面的研究是必须的，也是十分迫切的。

　　本书以特定区域自然生态环境、人文宗教与聚落营建的内在关联作为研究切入点，综合运用人居环境学等理论、方法作为指导，通过广泛的调查与资料收集，将西海固地区的乡村聚落、乡土建筑作为主要研究对象，揭示其中影响回族聚落分布格局、聚落选址、聚落空间结构、聚落形态中心、乡土建筑营建技术、宗教建筑的审美艺术及装饰技术等发展、变化的主要因素、具体特征与特定规律。在此基础上，结合当代西海固地区地域资源特征，生产、生活特点，提出当前西海固回族聚落的发展策略。

　　作者燕宁娜博士作为西北生态环境与乡土建筑研究领域的青年学者，曾经参与了多项课题研究与规划设计工作，奠定了较为扎实的研究基础。《宁夏西海固回族聚落营建及发展策略研究》一书是在其博士论文的基础上修改、补充与完善而成，也是其多年学术研究与积累的成果。从刘临安教授指导、我审阅燕宁娜的硕士论文开始，她就进入了对宁夏地区生态环境与乡土建筑的课题研究，并在硕士论文的基础上结合近十年的研究成果于2014年9月出版专著《宁夏清真寺建筑研究》，完成了对宁夏地区清真寺建筑深层次的思考与诠释。燕宁娜在攻读博士学位期间，继续把研究方向锁定在宁夏西海固地区回族居住环境的研究上，以此确定博士选题。由于前期扎实的研究积累，使她在读博期间既获准主持了国家自然科学基金项目"宁夏西海固回族乡村聚落营建模式研究"，以及宁夏回族自治区科技支撑计划项目"宁夏乡村建筑节能及人居环境改善技术应用研究"项目。有这两项科研基金的支持，其博士论文的前期文献资料收集、田野调查、民间访谈、实地测绘都进行得扎实而翔实，在论文撰写研究期间更是孜孜不倦，虚心向多学科的导师请教，经过几年的勤奋钻研与不懈的追求，完成博士论文。论文又经过一年的修改与凝练完成本书，作为燕宁娜的导师，我见证了她的学术成长过程，相信本书的出版会对西海固地区的城乡建设作出贡献。

值本书出版之际，以此序谨表祝贺，希望燕宁娜博士能够在西北生态环境与乡土建筑领域的研究走得更稳、更远。

2015 年 10 月于西安建筑科技大学

前　言

　　宁夏西海固地区是我国西北典型的生态环境恶劣、经济落后、民族关系复杂、政治敏感的区域。西海固位于宁夏回族自治区南部，包括固原（原州区）、海原县、西吉县、隆德县、彭阳县、泾源县、同心县、盐池县，共七县一区，占宁夏土地总面积的 58.8%。西海固地区资源的显著特征是光热能源、土地资源丰富，回族特色宗教文化资源丰富多样；但与地区人类生产、生活以及人居环境建设密切相关的森林、耕地、草地等资源短缺，水资源极度匮乏。由于资源禀赋的约束，以及历史上人类与自然气候、自然灾害的频频作用，目前，西海固地区面临着水资源、耕地资源承载力接近临界值，生态环境破坏严重，土地沙化、荒漠化加剧，风沙灾害频发等严重的生态问题。从历史与现实的教训来看，西海固地区人居环境不断恶化的人为原因在于：对该地区气候、自然资源以及丰富的回族特色宗教文化资源条件没有清晰的认识，对自然环境、资源的开发与利用不当，对地域民族宗教文化的传承与发展不够。

　　在当前城市化、生态移民进程加快的形势下，西海固地区的乡村聚落建设过程不但没有继承与发展传统聚落营建的智慧和优势，反而脱离地域资源条件的约束，不顾民族地域文化传承，盲目套用城市人居环境的建设模式，导致资源损毁与人居矛盾的加剧，使得原本特色鲜明的少数民族传统聚落失去本真，带来了地区居住形态的衰落与良好民族社区氛围的丧失，更为严重的是将会激化该地区的民族矛盾。宁夏西海固回族传统乡村聚落营建规律及当前乡村聚落的发展策略研究，能够缓解宁夏西海固地区人居环境的矛盾，同时对于引导西北地区普遍存在的少数民族地区乡村聚落建设具有启示意义。

　　本研究以特定区域自然生态环境、人文宗教与聚落营建的内在关联作为研究切入点，综合运用人居环境学等理论、方法作为指导，通过广泛的调查与资料的收集，将西海固地区的乡村聚落、乡土建筑作为主要研究对象，揭示其中影响回族聚落分布格局、聚落选址、聚落空间结构、聚落形态中心、乡土建筑营建技术、宗教建筑的审美艺术及装饰技术发展、变化的主要因素、具体特征与特定规律。在此基础上，结合当代西海固地区地域资源特征，生产、生活特点，提出当前西海固回族聚落的发展策略。

研究工作的主要内容如下：

（1）历史时期西海固传统乡村聚落演变历程及特征

以宁夏地区社会历史、自然环境变迁的轨迹为线索，研究西海固地区各个历史时期聚落形成、发展、演变的特征，关注聚落分布格局、聚落选址特征、聚落形态与空间结构、传统乡土建筑形态与营建技术以及营建材料的变化特征，挖掘传统聚落的演变机制，探寻应对地区资源、自然条件的生态文化理念、人居环境建设策略及传统聚落营建的规律性因素。

（2）西海固回族聚落营建与自然环境、回汉文化融合的深层关系研究

针对西海固地区回族乡村聚落生态环境的恶劣、自然资源的极度匮乏、人文宗教思想的丰富多样、社会经济的落后等特定条件，以人居环境科学、建筑学、城乡规划学、人文地理学、宗教学、民族学等学科为理论指导，结合少数民族地区聚落研究已有成果，从自然环境、回汉文化融合两个方面深入研究，提取聚落应对自然资源环境的营建智慧以及受到回汉文化融合影响的聚落特征，进而探讨其相互关系，探寻聚落营建与发展的关键点。

（3）自然环境约束下、人文宗教影响下的聚落营建规律研究

研究通过剖析不同时期、不同尺度的西海固传统聚落应对地区土地资源、水资源、气候资源、建材资源等方面的营建实例，对回汉文化融合下西海固传统回族聚落的宗教建筑特征、"寺坊"形态特征以及民居空间进行深入研究，系统总结回应地域资源、适应地区文化的聚落营建规律与适宜技术。

（4）西海固回族聚落发展策略研究

整合以上研究成果，结合回族传统聚落今天面对的快速城市化和生产方式、生活方式剧烈变化的前提，在认真分析原有乡土聚落优势的基础上，积极探索传统营建技术的提升与优化途径，为当前西海固地区回族乡村聚落的可持续发展及生态移民新村的科学建设提供借鉴。

目　录

第1章　绪论

1.1　研究背景及意义

1.1.1　研究背景

宁夏西海固地区是我国西北典型的生态环境恶劣、经济极度落后、民族关系复杂、政治敏感的区域。西海固位于宁夏回族自治区南部，包括固原（原州区）、海原县、西吉县、隆德县、彭阳县、泾源县、同心县、盐池县，共七县一区，占宁夏土地总面积的58.8%。西海固地区资源的显著特征是光、热能源和土地资源丰富，回族特色宗教文化资源丰富多样；但与地区人类生产、生活以及人居环境建设密切相关的森林、耕地、草地等资源短缺，水资源极度匮乏。由于资源禀赋的约束，以及历史上人类与自然气候、自然灾害的频频作用，目前，西海固地区面临着水资源、耕地资源承载力接近临界值，生态环境破坏严重，土地沙化、荒漠化加剧，风沙灾害频发等严重的生态问题。从历史与现实的教训来看，西海固地区人居环境不断恶化的人为原因在于：对该地区气候、自然资源以及丰富的回族特色宗教文化资源条件没有清晰的认识，对自然资源、自然环境的开发与利用不当，对地域民族宗教文化的承传与发展不够。

数千年来，劳动、生息在我国西北干旱区的各族人民，建造出了各种类型的聚落，有许多都成功地延续到今天，形成了低成本、低能耗、低技术、与环境融合的聚落营建模式。近年来，由于当地农村生产方式转变、经济发展模式转型、社会传统观念变化，农民的生活方式和行为模式都急速地步入了一个前所未有的转型期，传统聚落营建智慧和营建优势正在被抛弃。宁夏西海固地区长期处于游牧民族与农耕民族的交汇区域，战争、冲突频繁，是西北的重要军事据点，同时是历代统治阶层"移民戍边"的重要地区。元代以来，西海固地区成为回回民族聚居的重要区域，所以当地军事、移民、伊斯兰文化积淀十分深厚。地区建筑体系扎根本土，历经发展演变，吸取区域文化，形成了特色鲜明的生土民居建筑体系和精美的宗教建筑，较好地解决了黄土高原寒冷干旱气候下人居环境建设面临的问题。今天，西海固地区的乡村聚落建设过程不但没有继承与发展传统聚落营建智慧和传统聚落营建优势，反而脱离地域资源条件的约束，不顾民族地域文化传承，盲目套用城市人居环境的建设模式，导致资源损毁与人居矛盾加剧，使得原本特色鲜明的少数民族传统聚落失去了本真，带来了地区居住形态的衰落与良好民族社区氛围的丧失，更为严重的是将会激化该地区的民族矛盾。宁夏西海固回族聚落营建及其发展策略研究，不但有助于缓解宁夏地区自身的人居环境矛盾，而且对于引导我国西北普遍存在的少数民族地区乡村聚落建设具有启示意义。

由于汉民族在中国民族构成中的主体地位，以汉族居住建筑为主的聚落（或村落）一直是研究的重点，而其他民族的建筑研究相对处于劣势地位、弱势地位。[1] 从民族建筑的角度看，85% 以上以汉民族建筑为研究对象，对回、维吾尔、藏等西部少数民族建筑论述较少。[2] 建筑的本质是植根于本国、本区域的土壤，发现存在的根本问题，并结合本国本地区的实际，提出相应的解决办法。[3] 因而，探寻宁夏西海固地区回族传统聚落的营建规律，探寻符合该地区自然资源、环境状况、民族文化特点的人居环境建设理论与方法是民族地区建筑学理论的有益补充。

由于上述几点原因加之作者在该领域已经积累了部分研究成果，本课题在2012 年得到了国家自然科学基金项目"宁夏西海固回族乡村聚落营建模式研究"（项目批准号：51168040）和宁夏回族自治区科技支撑计划项目"宁夏乡村建筑节能及人居环境改善技术应用研究"（项目批准号：2012ZYS159）的资助。

1.1.2 关键词辨析

1. "西海固"概念

西海固，原是宁夏回族自治区的西吉县、海原县、固原县三县的联称，始于 1953 年成立的甘肃省西海固回族自治区，现指宁夏回族自治区南部，包括西吉县、海原县（隶属中卫市）、固原（原州区）、泾源县、隆德县、彭阳县以及同心县（隶属吴忠市）、盐池县（隶属吴忠市）的七县一区，总面积为30500km^2，占宁夏国土总面积的 58.8%。生活在这里的回族人口有 100 多万，占自治区回族人口的 60%，全国回族总人口的 10%，是全国最大的回族聚居区。以苏菲门宦为代表的本土化的伊斯兰文化与干旱贫瘠的自然环境的相互映照折射出西海固独特的乡村聚落、乡土建筑和人文地理景观。

书中所指的"西海固"地区位于我国黄土高原丘陵沟壑区，地理坐标介于东经 105° 70′ ～ 106° 58′，北纬 35° 14′ ～ 37° 32′ 之间 [4]，东邻陕西，东南、西南与甘肃接壤，东北与内蒙古毗邻，西北与宁夏的灵武、青铜峡、中宁和中卫市辖区等市县相接。[5] 地形复杂，大陆地貌的五种基本类型（山地、高原、丘陵、平原、盆地）齐备，山地、丘陵面积广，属于黄河中上游黄土高原丘陵沟壑地带。应当指出，本书研究的"西海固"地区是一个模糊又明确的人文区域概念，明确是指该区有着清晰的空间领域，模糊是指边缘地带文化与空间的渗透性和渐变性。

2. 寺坊

"寺坊"根据所处位置不同分为城市寺坊和乡村寺坊两类。城市中的"寺坊"来源于唐代的"蕃坊"，即回族先民在城市中共同居住、生产、生活的特定区域，是中国回族最早的聚居形式。乡村寺坊则起源于元代"探马赤军"随地入社，与编民等的"社"，一般以 50 户为一"社"，回回人共同拥有土地，形成了乡村寺坊。

从社会学及人类学角度，以清真寺为宗教精神中心、用阿拉伯语称为"哲玛尔提"的回族聚居区，即"寺坊"。寺坊是一种典型的回族聚居区的社区组织形式。以一座清真寺为中心的穆斯林居住区形成一个"寺坊"，清真寺不但是坊上信教群众的宗教活动、宗教礼仪中心，还是坊上信教群众文化教育、经济活动、社会交往、信息发布的中心。通常一个寺坊拥有一座清真寺，特殊情况也有一个寺坊拥有多个清真寺的。[6]

3. 回族聚落

"聚落"是指在一定地域内发生的社会活动和社会关系、特定的生活方式，且由共同成员的人群所组成的相对独立的地域社会。[7] 主要指的是各地区经过居民长期以来的选择、积淀，形成的有一定历史和传统风格的聚居环境系统。[8]

"回族聚落"将聚落的概念更加明确化，即指在特定的区域内，具有明确的中心与边界，由回族群众共同组成的相对独立的地域社会。

"回族聚落"，根据聚落所处区位，包括回族城镇聚落和回族乡村聚落。本书中所研究的"回族聚落"特指"回族乡村聚落"，即在一定乡村地域内回回民族基于文化宗教关系而结成的相对独立的地域社会，同时书中主要研究有一定历史和文化价值积淀的传统风格的聚居环境体系。

4. "寺坊"与"回族聚落"的空间关系

"回族聚落"在书中特指"回族乡村聚落"，作为聚落的概念，更加强调的是空间区域及其中心和边界。"寺坊"则更多地强调社区的心理中心和边界。两者有着共同之处，同时又存在明显的差异性。例如一个回族聚落是回族的聚居区域，常常拥有一个或者多个清真寺。此时清真寺的个数往往与"寺坊"有直接关系，通常在一个回族聚落中有几个清真寺就有几个"寺坊"，单个"寺坊"之间往往没有隶属关系。一个"寺坊"，从宗教的角度，可以管辖几个"回族聚落"，即几个"回族聚落"拥有同一个清真寺。[9]

1.1.3 研究意义

西海固回族聚落营建规律及发展策略的研究对于缓解宁夏地区自身的人居环境矛盾具有重要的现实意义。当前，西北资源匮乏地区的民族聚落的典型代表——西海固回族聚落的建设彻底抛弃了传统聚落模式，不顾地域资源匮乏的条件，盲目套用城市建设模式，加剧着资源的损毁与人居矛盾。聚落的营建耗费占该地区自然资源的比重较大，仅从能源方面看占 1/3 ~ 1/2，因此，只有通过挖掘传统聚落中的资源利用智慧，同时结合适宜建筑技术，合理利用地域资源（太阳能、风能、自然空调等），有效降低聚落营建对资源的消耗，对于缓解宁夏西海固地区的人居矛盾的现实意义重大。

西北少数民族地区占我国国土面积的 1/3，自然环境复杂、民族众多、文化多元、生产方式多样，各民族适应特定地域内的自然地理环境和本民族的传统生产方式、生活习俗，创造了丰富多彩的聚落形态与空间。但是在当前语境下，宁夏西海固回族传统乡村聚落的存在与未来持续发展所面临的种种困难确是不争的事实。如何挖掘与整理这些已被或将被遗失的"民族性、地区性知识"，将其转化为科学的营建策略，为地区的人居环境建设提供直接的参照模板，使民族传统聚落及其技术得以重生，才是解决现阶段地区人居环境建设中矛盾与问题的有效求解途径[10]，也是民族地区建筑学理论体系的有益补充，且具有人居环境理论研究的普遍价值。

1.2 研究综述

1.2.1 乡土聚落与乡土建筑研究综述

国内有关乡土聚落、乡土建筑的研究成果主要集中在建筑学视野、多学科视野、学科交叉视野三个方面：

一是建筑学、城乡规划学视野下的乡土建筑、乡土聚落的研究。1934年龙庆忠教授在《穴居杂考》（原载于《中国营造学社汇刊》第5卷第1期）中对中国窑洞的论述，开创了西北地域性民居建筑学术研究的先河。20世纪80年代出版的民居研究系列成果有：《窑洞民居》（侯继尧，王军，1989年）、《福建民居》（高鉁明等，1987年）、《云南民居》（王翠兰等，1986年）、《浙江民居》（1984年）[11]。20世纪90年代出版的民居研究成果有：《新疆传统建筑艺术》（张胜仪，1999年）、《新疆民居》（严大椿，1995年），《陕西民居》（张壁田，刘振亚，1993年）、《陕西古建筑》（赵立瀛，1992年）、《广东民居》（陆元鼎等，1990年）、《桂北民间建筑》（李长杰，1990年）[12]。21世纪以来出版的相关研究成果有：《中国民居建筑》（陆元鼎，杨谷生，2003年），《中国民居研究》（孙大章，2004年）等[13]，清华大学陈志华、李秋香教授的《中国古村落丛书》中针对乡土村落的规划、民居、祭祀建筑、文教建筑、商业建筑等做了大量的研究工作。近年来，以《广东民居》（陆琦，2008年）、《贵州民居》（罗德启，2008年）、《西北民居》（王军，2009年）、《两湖民居》（李晓峰，谭刚毅，2009年）等为代表的中国民居建筑丛书等著作从某一区域民居的共性特征入手，研究建筑风格、装饰特点以及营造技术等，同时关注区域内社会文化、民风民俗以及宗教影响因素，这类研究为我们描述了地区建筑的特征，积累了大量的测绘图、现状照片以及文字描述，为进一步深入的研究积累了大量基础性资料。赵治（2012年）针对壮族人居建筑文化，应用文化圈属的分类方法进行研究，总结归纳了位于广西境内的壮族传统聚落保护与开发工作的得与失，进而提出了少数民族传统村落的保护原则。[14]郦大方（2013年）博士论文选择四川阿坝县、丹巴县和云南勐混镇曼岗寨为案例，运用聚落模型分析它们的空间形态，提取空间结构，探究社会组织、宗教信仰、家庭结构和自然环境对空间结构的影响。[15]

二是多学科视野下的乡土聚落研究，通常集中在历史地理学、人文地理学、考古学、历史学等领域。

历史地理学的研究：目前国内有关乡土聚落历史地理学的研究主要集中于聚落起源与变迁、聚落地域空间结构、聚落形态及内部结构等方面，并呈现出明显特征：在空间维度上，研究区域集中性明显，空间范围多位于江南地区、陕北黄土高原地区；在时间维度上，研究尺度以断代史为主，多集中于宋、明、清时期；在要素维度上，分析方法基本符合"因地制宜"原则，显示了"天人合一"的朴素的人地协调观。人文地理学的研究：20世纪90年代以来，有关我国西部乡村聚落的研究有两大趋势：一方面是典型区域研究成果的增加，例如陕北黄土高原丘陵区的研究；另一方面是利用3S技术，对山地聚落形态、空间的分布规律的量化研究成果增加，尤其是针对山区垂直地带性显著的少数民族聚落垂直分布区域的重点研究。[16]考古学的研究：聚落考古学的研究成果颇为丰富，研究方法有一定的创新性，例如聚落空间数据的挖掘、聚落空间分析方法。研究内容则包括原材料、人工制品、建筑物、遗址、线路、资源空间，其研究对象可以是墓地、灰坑、洞穴、加工厂、采石场，只要有人类活动的地方均可以进行空间的研究。[17]历史学、哲学等人文科学主要是从历史观、哲学及伦理层次展开理论思辨与逻辑论证，具有浓厚的主观和直觉色彩；地理学、生态学、环境科学等自然科学领域的研究成果主要是通过个案的具体分析，在实证研究的基础上加以总结和归纳，得出的常常是能够实证和实验的认识，并在此基础上升到哲学高度。[18]

三是学科交叉背景下的乡土聚落领域的研究。从建筑学与社会学、人文学交叉学科的角度进行研究的有常青（1992年）[19]、张晓春（1999年）[20]，他们探讨了文化人类学与建筑学的关系；刘福智、刘加平的传统居住形态中的"聚落生态文化"（2006年）[21]从建筑学和生态学的交叉视角研究传统聚落的生态适应性，探索具有现实借鉴意义的有益经验；朱炜（2009年）采用建筑学与自然地理学交叉学科视角研究浙北乡村聚落空间，以拓扑几何学、系统论以及分形学等相关理论为基础，对乡村聚落地理条件中的地形、地貌进行分析，揭示自然地理与乡村聚落之间的深层次互动发展机制[22]；建筑学与考古学交叉学科视角的研究则以郑韬凯（2009年）为代表，以环境、规划、建筑学为角度和框架，探讨石器时代中国先民的居住模式和居住观念，指出从旧石器时代、中石器时代到新石器时代，人类的居住模式经历了从洞穴居址、旷野居址到聚落居址的发展历程，这些居住模式也正是人类进化的一种工具。[23]张乾（2012年）通过建筑气候分析工具，研究了鄂东南传统聚落的空间系统构成和特征，分析了聚落物理环境与聚落空间特征之间的关联性，得出了适应当地气候的关键性聚落空间特征，总结了当地传统聚落的气候适应策略和实现方式。在继承传统聚落气候适应性与集约化优势的基础上，根据当代聚落的功能需求进行了新聚落范式的绿色再生研究，提出了适应当代需求的新聚落模型，并在新农村设计实践中得以运用。[24]赵思敏（2013年）以咸阳市农村聚落为例，选择5个典型镇，分别从人口、设施、土地等方面对农村聚落发展与存在问题进行分析，并对农村聚落体系的职能、规模和空间布局的历史演变过程和现状特征进行解析和模拟，在分析其影响因素和动力机制的基础上，提出了农村聚落的 3 级职能等级、适宜规模理论模型、规模预测的计算模型、空间布局模式和体系重构流程 [25]。

1.2.2　西北人居环境与西海固研究综述

一是关于西北地区整体人居环境、城乡统筹发展角度的研究，如《黄土高原小流域人居生态单元及安全模式——景观格局分析方法与应用》（刘晖，2005 年）、《行政区划变动与城市群结构变化研究——以宁夏中北部城市群为例》（陈忠祥，李莉，2005 年）、《基于循环经济的中国西北民族聚集区可持续发展研究》（刘军，陈兴鹏，2006 年）、《黄土高原沟壑区人居环境生态化理论与规划设计方法研究》（于汉学，2007 年）、《黄土高原·河谷中的聚落——陕北地区人居环境空间形态模式研究》（周庆华，2009 年）[26]、《河西走廊人居环境保护与发展模式研究》（李志刚，2010 年）等。近几年，由西安建筑科技大学王军教授领导的研究团队主持的国家自然科学基金项目"地域资源约束下的西北干旱区村镇聚落营造模式研究"（50808147）及"生态安全视野下的西北绿洲聚落营造体系研究"（50778143）的研究成果：岳邦瑞博士论文《地域资源约束下的新疆绿洲聚落营造模式研究》，首次在建筑学领域引入"地域资源约束"概念，系统总结了干旱区绿洲聚落营造模式语言，提出了"优势建筑"概念及主张。以上研究成果分别从建筑学、景观规划学、城乡规划学、城市经济学及城市地理学角度对西北地区的整体人居环境进行了宏观及微观层面的研究，为西北乡土建筑、乡村聚落、人居环境建设方面的研究做出了基础性的重要的贡献，同时从研究视角、研究方法的拓展方面做出了重要的探索。

二是关于宁夏西海固地区地域生态环境建设与人地关系方面的研究，如《宁夏西海固地区的生态建设与可持续发展》（何彤慧，2000 年）、《宁夏南部山区生态建设理论实践与研究》（方正纶，2000 年）、《回族文化中的生态知识及其在区域生态环境保护中的应用》（马晓琴，2006 年）、《宁夏回族社区人地关系研究西北少数民族地区生态环境保护现状研究》（陈忠祥等，2007 年）。国家"十一五"科技支撑计划"西北旱作农业区新农村建设关键技术集成与示范"（2008BAD96B08）及国家自然科学基金面上项目"生态安全视野下的西北绿洲聚落营造体系"（50778143）的研究成果：李钰博士论文《陕甘宁生态脆弱地区乡村人居环境研究》（2011 年）以生态脆弱区乡土聚落和乡土建筑为代表，揭示了影响人居环境形成、发展的主要因素、特定规律及具体特征，同时挖掘人居环境中蕴涵的营建规律与生存智慧，为当代生态脆弱区农村建设提供了适宜性建设模式。[27] 以上研究成果从建筑学、民族学、人文地理学、生态学等学科角度对宁夏西海固地区的生态环境、人地关系、人居环境等领域进行了较为深入的探索，为西海固回族聚落的研究提供了宝贵的多学科基础。

1.2.3　伊斯兰建筑与回族聚居区研究综述

一是关于伊斯兰建筑方面的研究。由于伊斯兰教的广泛传播及巨大影响，世界范围内对伊斯兰文化的系统研究从 19 世纪就已经开始，至今已有大量国家和地区设立有专门研究伊斯兰文化的相关机构。其间，大量以伊斯兰教发展历史、宗教文化、社会变革、宗教改革以及伊斯兰社会意识形态等为研究内容的著作不断产生。在伊斯兰文化的众多研究成果中，也有少量对伊斯兰建筑理论的研究，对象主要集中在中东、中亚地区的阿拉伯国家，重要的出版物如下：《世界建筑艺术史》（[英]帕瑞克·纽金斯，1990 年）[28]《伊斯兰艺术鉴赏》（[意]加布里埃尔 - 曼德尔）[29]、《世界建筑史丛书·伊斯兰建筑》（[美]约翰·D·霍格）[30]、《世界建筑全集 3 回教建筑》（[日]杨逸泳）、《伊斯兰技术简史》（[叙利亚]哈桑等，2010 年）、《艺术与建筑：伊斯兰》（[德]德利乌斯，2012 年）追寻了伊斯兰地区的历史发展，突出了源自信仰的不同艺术表现形式，展现了伊斯兰艺术与建筑丰富的艺术成就。

二是关于回族聚居区方面的研究。一直以来，民族和谐都是关乎国家安定、社会团结和经济繁荣的重大问题之一，受到学术界的普遍重视。随着城镇化的深入，民族之间的文化碰撞和竞争冲突在城乡范围内表现得越来越激烈，引发相关研究成果越来越丰富。其中具有代表性的有：马金宝的著作《从三种典型区域发展类型看回族文化》中将我国的回族文化划分为西北回族社区、东南沿海回族社区以及云南回族社区。从民族学、人类学角度对回族社区的个案研究成果也较多，如丁慧倩的《运河沿线的明清华北回族聚居区——以沧州城回族聚居区为个案》，论文对散居在沧州城运河沿岸的回族社区的形成历史、聚居区的空间布局、社会结构、组织结构、管理制度以及与外界的关联等问题进行了较为深入的研究 [32]。建筑学、城市规划学科领域对于回族聚居区的研究成果有：李卫东博士论文《宁夏回族建筑研究》（2009 年），从建筑学角度对宁夏回族建筑的形制、类型、特征等问题进行了研究，同时结合宁夏回族建筑的

在我国，伊斯兰文化研究的范围十分广泛，研究成果主要集中在宗教学、民族学、人类学及社会学领域。关于伊斯兰建筑的研究远远落后于对其他伊斯兰文化领域的研究。对中国伊斯兰建筑的研究，较有代表性的有刘致平先生于 1984 年出版的《中国伊斯兰教建筑》。书中用了大量篇幅对中国信仰伊斯兰教的各民族的五十多座清真寺、讲经堂、道堂、陵墓等建筑实例作了介绍，对其建筑制度、总平面布局、结构及构造进行了分析论述。邱玉兰、于振生在 1992 年由中国建筑工业出版社出版发行的《中国伊斯兰教建筑》，主要对中国伊斯兰建筑的历史演变、平面布局、工程技术、建筑艺术等方面的内容进行了研究。邱玉兰编著的《伊斯兰教建筑：穆斯林礼拜清真寺》（1992 年）一书介绍了各省著名的伊斯兰建筑，从建筑风格到室内装饰装修艺术无不一一展现。王小东编著的《伊斯兰建筑史图典（7 ~ 19 世纪）》（2006 年），丁思俭主编的《中国伊斯兰建筑艺术》（2010 年），刘致平著《中国伊斯兰教建筑》（2011 年），Sun Dazhang、Qiu Yulan 所著《Islamic Buildings》（2012 年）从宏观角度对我国伊斯兰建筑的发展与各阶段风格特征进行了较为详细的论述，同时展现了国内著名的清真寺建筑，有助于读者了解中国伊斯兰建筑的全貌 [31]。

未来设计思路和改造原则提出了建议。黄嘉颖的博士论文《西安鼓楼回族聚居区结构形态变迁研究》（2010年），研究了西安鼓楼回族聚居区形态变迁的动力机制，揭示了结构形态演进的特征规律，探索了城市传统回族聚居区结构形态优化整合理论与方法。任云英教授发表论文《无垣之"城"——近代西安回民社区结构探微》（2010年），认为回族社区在适应国家政令及地方法规制度管理的前提下，形成了以清真寺为核心，教民的宗教生活与日常生活相结合的教坊组织。教坊制度下回民小集中的空间结构背后隐藏着的是居民的行为活动与教坊的物质空间秩序、社会生活组织结构的特征，揭示了西安回族聚居区的居住空间结构与其宗教社会内部的组织秩序同构。李晓玲著《宁夏沿黄城市带回族新型住区空间布局适宜性研究》（2014年）通过对宁夏回族住区空间布局的全面调查研究，挖掘宁夏回族传统住区的建造经验，结合当前生态文明的发展要求，探索城乡统筹背景下，快速城镇化时期宁夏沿黄城市带回族新型住区的空间适宜性布局，以期作为宁夏沿黄城市带回族住区规划建设的指导依据。[33]

1.2.4 既往研究的评述

根据以上分析，可以得出的结论是我国乡土聚落和乡土建筑、西北地区人居环境和西海固地区生态环境、伊斯兰建筑及回族聚居区方面的研究发展较快，特别是20世纪80年代以来的30多年，已经取得了较为丰硕的成果。但受到选题方向、研究方法、研究时间、研究范围等条件限制，在这一领域仍旧有着不足和空白。

1. 研究同质化趋势明显，区域性研究缺乏

我国乡村聚落形态、空间领域的研究快速发展，研究内容逐步增加，取得了丰硕的成果，但同时存在着研究同质化、研究视角与尺度较为单一、案例研究多于理论探讨、区域性系统研究缺乏等问题。以往的研究更多地强调传统聚落中单体建筑的历史见证性、文化价值和美学、艺术价值，未能全面体现出传统聚落作为人居环境的整体性、多样性以及内部元素关联性。

聚落相关研究内容松散，缺乏有机结合，很难形成一个完善的系统。对村域、农户等微观视角的研究刚刚起步，相关研究基础较为薄弱。我国国土广阔、民族众多，各地区的自然生态环境、经济发展状况、社会文化等方面差异性较大。同时，乡村聚落分布面广、量多，对乡村聚落的区域性研究应该予以加强，从微观角度出发，深入地研究范围较小的区域，从微观、中观到宏观自下而上逐步展开研究，并对各个阶段的研究成果进行总结、归纳和论证，寻找不同层面的规律[34]，解决不同区域、不同层面的问题。

2. 理论研究多，可操作性差

目前的传统的人文地理分析的相关研究通过运用现代3S技术手段能够获取大量资源方面的信息，对环境、资源方面的大量数据信息可以进行动态分析，从而探寻自然生态环境系统的形成、演变以及发展规律，为基础理论体系的建立打下基础。但具体如何实施，如何在技术层面上对乡村聚落的规划、设计、

建设、发展进行具体指导方面的研究还不足。

从上述对已有研究成果的分析可以得出的结论是：目前国内对于西北少数民族地区乡土建筑、乡村聚落的研究成果主要集中在民居研究的微观层面和区域以及城市宏观层面。以村域为单元的研究内容还相对缺乏，尤其是回族乡村聚落领域，几乎鲜有研究成果。第一，地域建筑、民居建筑包括古建筑层面的研究目的是传统建筑风格的传承、建筑技术的创新，仅仅是对单个建筑或者单个院落为单位的建筑艺术及建筑艺术领域的指导，而不是乡村聚落规划和设计的理论指导；第二，对区域、城市人居环境和生态环境建设关系的研究很难直接指导少数民族乡村聚落的建设与发展。

3. 研究学科不平衡，建筑学角度缺乏

对于回族聚居区的研究多数集中在文化、经济、宗教、制度、民族关系等方面。成果多见于人类学、社会学、宗教学、民族学等学科领域，而缺乏城乡规划、建筑学领域的相关研究成果，表现出研究领域学科的不平衡。宁夏回族聚居区的研究更是主要集中在个案研究方面，缺乏具有指导性、能够推广的研究成果。对于西海固地区的研究主要是从人文地理学、经济学、人类学、民族学、宗教学、环境生态学等角度出发，试图解决该地区生态环境、经济发展、宗教信仰、社会文化等方面的问题，鲜有从回族乡土建筑、回族乡村聚落建设层面的相关研究。所以，对于西海固地区回族乡土建筑、乡村聚落层面的研究是必需的，也是十分迫切的。

国外近些年来对聚落的相关研究，主要有聚落的社区文明发展与演变（马林诺夫斯基 Malinowski）、聚落规划、发展模式、能源的利用和适宜模式等方面，如：生土建筑的优势及建造技术（Sinha，1994），传统聚落与当地条件相结合的发展模式（Ahmouda K.A.，2002），水利、农业与干旱区聚落分布的相互关系（Siebert S.，2005），系统研究聚落的形成，各类聚落与村落的关系（Johann Georg Kohl）。[35] 如同国外的绿色建筑在建设初期需要大量的资金和新技术的投入一样，国外对聚落的研究也要求有大量的资金作为基础，不符合我国当前的国情，更不符合宁夏西海固这样的全国最贫困地区的乡村聚落建设要求。

1.3 研究内容与方法

1.3.1 研究内容

通过对西海固各个历史时期的乡土建筑、乡土聚落形态、空间类型、传统营建技术等进行梳理与分析，揭示回族聚落与自然环境、回族聚落与人文宗教之间深层次的关系，探索回族乡土建筑、回族聚落在其产生、发展的过程中所呈现出的规律性因素和特征，从而构建自然条件恶劣、资源匮乏条件下以及回汉融合文化影响下的回族聚落营建策略，为西海固地区回族聚落建设提供理论支撑。本书主要研究内容如下：

1. 历史时期西海固传统聚落演变历程及特征

以宁夏地区社会历史、自然环境变迁的轨迹为线索，研究西海固地区各个历史时期聚落形成、发展、演变的特征，关注聚落分布格局、聚落选址特征、聚落形态与空间结构、传统乡土建筑形态与营建技术以及营建材料的变化特征，挖掘传统聚落的演变机制，探寻应对地区资源、自然条件的生态文化理念、人居环境建设策略及传统聚落营建的规律性因素。

2. 西海固回族聚落营建与自然环境、回汉文化融合的深层关系研究

针对西海固地区回族乡村聚落生态环境的恶劣、自然资源的极度匮乏、人文宗教思想的丰富多样、社会经济的落后等特定条件，以人居环境科学、建筑学、城乡规划学、人文地理学、宗教学、民族学等学科为理论指导，结合少数民族地区聚落研究已有成果，从自然环境、回汉文化融合两个方面深入研究提取聚落应对自然资源环境的营建智慧以及受到回汉文化融合影响的聚落特征，进而探讨其相互关系，探寻聚落营建与发展的关键点。

3. 自然环境约束下、人文宗教影响下的聚落营建规律研究

研究通过剖析不同时期、不同尺度的西海固传统聚落应对地域土地资源、水资源、气候资源、建材资源等方面的营建实例，对回汉文化融合下西海固传统回族聚落的宗教建筑特征和"寺坊"形态特征以及民居空间进行了深入研究，系统总结了回应地域资源、适应地区文化的聚落营建规律与适宜技术。

4. 西海固回族聚落发展策略研究

整合以上研究成果，结合回族传统聚落面对今天的快速城市化、生产方式、生活方式的剧烈变化的前提，在认真分析原有乡土聚落优势的基础上，积极探索传统营建技术的提升与优化途径，为当前西海固地区回族乡村聚落的可持续发展及生态移民新村的科学建设提供借鉴。

1.3.2 研究方法

研究中注重下述方法的综合运用：

（1）采用实地踏勘、田野调查、记录、问卷调查、人物访谈、现场测绘结合文献分析等技术手段，广泛收集大量宝贵的一手资料，利用电脑信息技术平台进行资料处理与整合。

（2）以问题为导向。通过对宁夏西海固传统回族聚落、乡土建筑演变历史和现状发展的研究，深入剖析该地区人居环境现实问题，以此为导向引出研究脉络。在史料的选择上，笔者借鉴了社会学的方法，搜集了大量的历史文献和访谈资料。

（3）人居环境科学与多学科理论研究相结合。以人居环境科学为统领，结合环境生态学、历史学、民族学等学科专业的相关研究成果进行研究。

（4）利用我校现有建筑材料实验室、建筑结构实验室、绿色建筑技术实验室、建筑物理实验室、建筑节能实验室进行建筑保温性能、建筑结构构件性能的专项研究。

（5）采用纵向与横向研究相结合的方法。纵，是对宁夏西海固人居环境空间

形态的历史脉络、传统聚落营建历史进行梳理,从中探寻相关规律;横,对与主题研究相关的宁夏西海固人居环境生态、人文宗教、社会经济等多方面进行展开,对宁夏西海固回族聚落从局部到整体的空间分布方式、特征、阶段等内在机制进行深入解析,构建宁夏西海固回族聚落可持续发展的适宜建设策略和技术手段。

1.3.3 研究框架

本研究共分 8 章:

第 1 章绪论是基础理论研究部分,文中界定了研究地域界限、相关理论、外部关联及乡土建筑、乡土聚落研究的相关内容,同时提出了研究内容与研究方法。

第 2 章为西海固地区传统回族聚落的相关背景与地域特征,文章在实地调查、测绘、综合文献知识的基础上,提出:地域的自然环境、人文环境以及社会经济环境深深地影响并制约着西海固地区传统乡土聚落及乡土建筑的演变和发展,对传统乡土聚落和乡土建筑的研究应该置身于更广阔的地域文化中去思考。

第 3 章以时间为纵轴,对远古时期,西周至秦汉时期,魏晋南北朝至隋唐时期、宋、金、西夏时期以及元、明、清等几个历史阶段西海固地区聚落分布格局、聚落选址特征以及乡土建筑形态、空间的发展变化进行了深入研究,对各个历史时期生态、自然环境的演进与生产方式、社会环境与人文宗教之间的关系进行了较为全面细致的探讨。

第 4 章对西海固地区的自然环境变迁、现状、地形地貌、气候、物产资源等方面与回族聚落营建的关系进行了深入探讨。自然环境、气候特征以及物产资源是聚落生成的天然土壤,认为聚落的营建以及乡土建筑的面貌是对这三者的回应。

第 5 章通过对调研资料的整编和分析,对西海固地区的传统聚落的地域宗教文化特征进行研究。对当地类型丰富的宗教建筑进行探讨,认为当地回族的聚落中心和生活的精神中心为宗教建筑。研究表明,西海固地区无论宗教建筑还是民居建筑,在建造方式、空间布局、装饰艺术等方面无不渗透着回汉文化的深度融合。

第 6 章总结了前几章的研究结论,揭示了回族乡村聚落在恶劣的自然、生态环境中顽强生存、寻求发展的规律性因素,研究针对乡村聚落营建的生态理念、绿色生态技术、审美艺术与装饰手法等几个方面,由宏观到微观,由内而外逐层加以论证,为严峻生态条件下乡土建筑、回族聚落的定位和发展寻找合理依据。

第 7 章在分析西海固聚落当前困境的前提下,结合前六章内容对地区传统聚落营建规律的研究基础上,认为西海固地区回族聚落的发展应该遵循聚落发展演变的规律,顺应自然地理的变迁,适应生产方式的转变和社会进步的要求,以保护生态环境、改善人居环境为前提,提出西海固地区回族聚落的发展策略:一是传统聚落的保护与更新;二是乡土建筑技术的优化与提升;三是生态移民背景下的回族新村规划与建设。

第 8 章属于课题研究的结论部分,也是对本书的研究成果及创新点的阐述部分,提出本书研究的不足以及对后续研究的展望。

研究框架如图 1.1 所示。

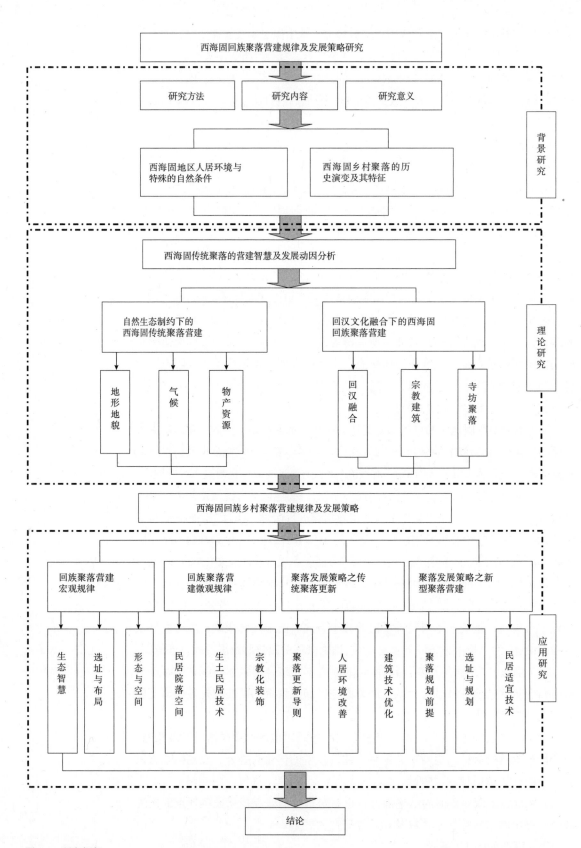

图 1.1　研究框架

第2章　西海固地区的自然生态与人文环境

西海固地区是全国最大的回族聚居区（图2.1），也是国家级的贫困区，素有"苦甲天下"之称，长期以来的生态环境脆弱并持续恶化、自然灾害频发成为导致区域贫困，限制区域可持续发展的重要因素。

西海固地区位于我国黄土高原中西部，地势西南高东北低，海拔1500～2955m。西海固地区属于黄土高原向干旱风沙区的过渡带、季风区向非季风区过渡带、半湿润区向干旱区过渡带。地理位置的过渡性特征造成了本地区自然环境的复杂性和严酷性。[36]西海固地区黄土地貌以丘陵沟壑为主，间有川、塬、山地、盆地、台地、梁、峁等，境内的主要山脉是六盘山、月亮山、云雾山、南华山、西华山，其中南华山主峰海拔2955m，是当地最高峰。主要河流有清水河、葫芦河、泾河和祖厉河。[37]植被主要是半干旱草原、干旱草原、干旱荒漠草原、半湿润森林草原等。地区年平均气温5～8℃，昼夜温差较大。年降水量北部不足200mm，南部600mm。年蒸发量北部2400mm，南部1200mm，因蒸发量远高于降水量，气候干旱[38]。境内自然条件复杂，当地建筑形态丰富，布局灵活，形成鲜明的本土特色。地域的自然环境、人文环境以及社会经济环境深刻地影响并制约着西海固地区传统乡土聚落及乡土建筑的演变和发展，本章主要对西海固地区的自然环境、人文环境以及社会经济环境特征作了总结和阐述。

2.1　地区生态环境变迁

新石器时代固原一带水源充足，六盘山下"朝那湫"是古代著名的湖泊，泾水、清水河的流量也远比现在大。地处黄河中游的六盘山、陇山为森林、草地所覆盖，到处郁郁葱葱。[39]

西周时期，宁夏气候温润，北部黄河流经，平原森林之间有干草原；南部黄河支流清水河、泾河流域水量充沛。宁夏南部森林资源十分丰富，"夫周，高山、广川、大薮也，故能生是良材"。❶西海固地区居住有鬼方、戎狄等少数民族部落。

秦朝在南部固原境内设置乌氏县后，西海固成为畜牧业基地和集散地。秦

---

❶《周语》下

图 2.1　西海固区位图

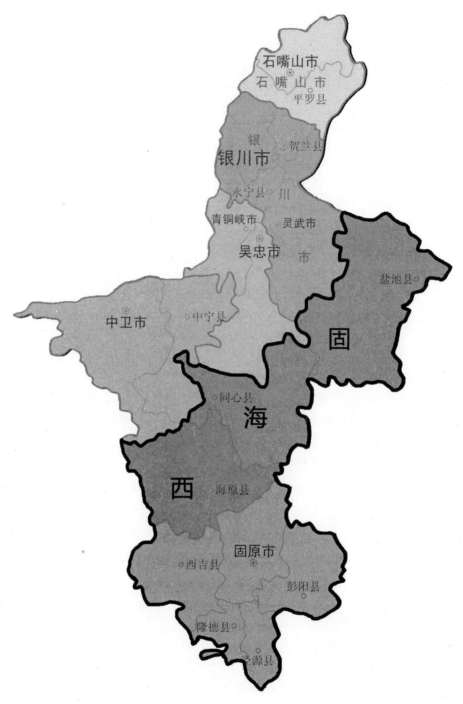

始皇统一六国之后，派大将蒙恬率大兵向北推进，在北部河套平原、鄂尔多斯高原及陕北等地设置 44 县（一说 34 县）屯田开发，这里包括宁夏全境。但是这种大规模的开发持续时间不长。因此，西汉初年黄土高原人为的耕垦活动对生态造成的影响较小，自然植被保存较好，水土流失与沙化现象显得轻微，直到唐代初年。[40]

隋唐时期，西北的突厥、回纥、吐蕃、党项等民族强盛，宁夏作为当时重要的边镇，特别受到重视，西海固地区以养马为中心的畜牧业有了新的发展。唐前期，以固原原州区为中心的西海固地区成为全国养马业中心，据《唐书·地理志》记载推算，天宝元年西海固地区人口达 46000 多，比贞观十三年时的10000 余人增加了两倍多。可以推断，当时西海固地区的自然环境较好，已经吸引了较多人口聚居。

在宋与西夏的战争中西海固森林受到较多的破坏，但清水河流域"地宽，美水草"，今西吉、隆德县境内"土地饶沃，生齿繁多"❶，大小罗山直到韦州，也"水甘土沃，有良木薪秸之利"❷，可以推断当时西海固地区的自然环境尚未恶化。明代重视养马，农民也是养马户。六盘山森林此时受到畜牧业、农垦业和建筑伐木业等几重影响，北段已成为濯濯童山。清代后期，关中回民被强行迁入山深林密的化平县（今泾源县）等地，为求温饱，他们只得毁林开荒、伐木烧炭，六盘山深部森林也开始受到严重破坏。[41]

综上所述，相关学者对西海固地区生态环境的变迁作了大量研究，其研究成果表明：①宁南山区生态环境系统在早期人为活动极少干预的自然状态下，曾是林木繁盛、水草丰茂、禽兽繁多的一种良性循环系统。[42]②人类大规模、无节制、掠夺性的开发、利用活动破坏了这种平衡和良性循环机制，使其变为脆弱的临界状态，并发展为滚雪球式或雪崩式单向恶性发展的局面，此时的自然发展已是一个不断恶化的过程。③在未来环境变迁中，存在着诸多的促使生态环境恶化的潜在因素，如黄土基层的疏松多孔、千沟万壑的山地地貌、干旱而降雨集中的气候、稀疏的植被、快速增长的人口以及低下的人口素质等，且这些因素大部分难以逆转。[43]

2.2　地区生态环境现状

西海固地处西北黄土高原丘陵沟壑区，地形起伏大、气候干旱、风沙大，是西北典型的生态环境脆弱区，主要表现为水土流失严重，沙漠化与风沙灾害、干旱灾害等问题突出。[44]恶劣的自然环境使得西海固地区生产力水平低下，人民生活极度贫困，土地资源承载力严重不足，导致一方水土养活不了一方人。

1.生态系统脆弱，水土流失严重

西海固地区属于我国北方农牧交错的生态脆弱区，地处干旱绿洲与沙漠的过渡地区，属于黄土高原和沙漠的边缘地区，自然条件有着明显的过渡性特征。北部是干旱风沙区，植被以荒漠草原为主；中部为半干旱黄土丘陵区，以干草原为主；南部为六盘山阴湿区森林草原地带。境内主要森林生态系统分布在南部的六盘山和中部罗山，且灌木比例高，森林覆盖率仅为 3.54%，以草原生态系统为主要生态系统类型。草原生态系统具有生物多样性贫乏、生物群落简单

---

❶　《武经总要》前集卷十八
❷　《宋史·郑文宝传》

及生产能力低等特征，决定了生态系统的不稳定性和生态环境的脆弱性。西海固地区气候干旱、降水少、蒸发多，地表分布黄土和风沙土，从而导致水土流失严重，水土流失面积达 25800km^2，占区域总面积的 84.6%。[45]

2. 土地沙漠化带来风沙灾害

西海固地区北部的盐池、同心两县是境内土地沙漠化最为严重的区域。土地沙漠化面积达 8758km^2，占两县总面积的 26%，其中严重沙化面积 2949km^2，占两县总面积的 8.7%。盐池县的沙化土地面积目前已占到全县面积的 70% 左右。[46] 土地沙化直接导致的是沙尘暴与扬沙天气的出现，造成严重的风沙灾害。

3. 自然灾害频繁，地震、干旱最为严重

自 13 世纪有记录以来，西海固及周边地区发生的对西海固有影响的 5 级以上地震 35 次，其中 6 级以上 10 次，包括了 3 次 7 级地震和一次 8.5 级地震。[47] 其中最为严重的是 1920 年海原大地震，震级 8.5 级，震中烈度达 12 度，极震区面积达 20000km^2，余震活动持续 3 年。地震诱发 650 多个滑坡体，每到暴雨季节常常有活动。

据《宁夏南部山区农业问题综合研究》统计，1949 年以来，西海固发生较大的自然灾害（粮食减产 20% 以上）10 次，其中旱灾 7 次，占 70%。从 1991 年开始，西海固连续 5 年持续严重干旱，使原已脱贫人口有许多重新返贫，造成严重的社会问题和环境生态危机。[48]

4. 人地关系严重失衡

西海固地区是典型的黄土丘陵沟壑区，土地承载力低下、地形支离破碎、沟壑纵横、气候干旱，风沙、地震、洪涝等自然灾害频发，导致土地严重沙化、水土流失量大，是西北地区典型的生态环境脆弱区。同时人口持续快速增长，人地关系严重失衡，导致生态退化、环境破坏和区域贫困。

从全国范围的生态环境情况来看（表 2.1），宁夏、西藏、青海等八个省区是生态脆弱极强地带，四川、河北等八个省是强度脆弱区，而宁夏（主要是指西海固地区）则是极强的生态脆弱地带的第一名，目前生态环境持续恶劣，生态环境退化，恶化面积继续增大。从生态脆弱区和经济贫困区的分布情况看，人口的过度增长与之有极强的相关性。由表 2.2 可知，20 世纪 70～90 年代的 20 年里，以宁夏为代表的六个少数民族自治区人口中少数民族人口平均年增长率均高于全国总人口的年平均增长率，以上地区中宁夏、青海、西藏、新疆等地同时也是全国生态极度脆弱区。[49]

全国 25 个省区生态环境脆弱度表　　　　　　　表 2.1

极强脆弱	省区	宁夏	西藏	青海	甘肃	贵州	山西	陕西	新疆
	脆弱度	0.8353	0.8329	0.8045	0.7821	0.7153	0.6927	0.6613	0.6537
强度脆弱	省区	四川	河北	内蒙古	云南	河南	安徽	吉林	湖北
	脆弱度	0.6285	0.6204	0.6186	0.5925	0.5893	0.5380	0.5248	0.4766

中度脆弱	省区	辽宁	黑龙江	江西	湖南	福建			
	脆弱度	0.4400	0.4314	0.4137	0.3418	0.3123			
轻度脆弱	省区	山东	江苏	浙江	广东				
	脆弱度	0.2575	0.2072	0.2017	0.1647				

资料来源：赵跃龙. 中国脆弱生态环境类型分布及其综合整治 [M]. 北京：中国环境科学出版社，1999：68-70.

西海固地区是回族大量聚居的宁夏南部山区，面积和人口均占宁夏全区的一半以上，而地区生产总值不足全区的 1/7，人均收入则不足全区的 1/5，人口自然增长率一直在全国名列前茅，是全国最著名的典型贫困地区。据国家统计局中国人口统计年鉴资料：宁夏人口 1955 ~ 1990 年增长率为 140.423%，仅次于新疆、内蒙古，居全国第三，而 1990 ~ 2012 年增长率为 27.98%，仅次于新疆而跃居全国第二。人均占有资源逐年减少，造成人均农业生产资源绝对值非常低，隐形过剩劳动力过多。

因此，地区生态环境的恶化与历史原因相关，但当代人口的过快增长也是人地关系失衡、资源承载力下降的关键所在。

西部地区少数民族地区人口增长态势（1978 ~ 1988 年）　　表 2.2

地区	1978 年人口（万人）	1998 年人口（万人）	1978 ~ 1998 年		人口倍增时间（年）
			增长率 %	平均年增长率 %	
内蒙古	230.5	459.21	99.22	3.51	20
广西	1272.85	1830.17	43.79	1.83	38
云南	930.06	1486.43	59.82	2.37	30
西藏	171.97	238.01	38.40	1.64	43
青海	136.35	215.00	57.68	2.30	30
宁夏	109.82	185.83	69.21	2.66	26
新疆	720.11	1073.24	49.04	2.202	35
全国	96259	124810	29.66	1.31	53

资料来源：王桂新. 21 世纪中国西部地区的人口与开发 [M]. 北京：科学出版社，2006.

2.3　地区社会经济环境

西海固地处黄土高原的西北边缘，位于陕、甘、宁三省交界处，是我国典型的生态脆弱区，由于自然条件严酷，地理区位偏僻，交通不便，信息闭塞，与周边地区缺乏经济联系（周边毗邻地区也是经济欠发达地区），外部的技术、人才与信息对该地区影响较小 [50]，导致西海固地区经济发展缓慢，成为全国的"贫困之冠"。

西海固地区各县在宁夏各市县中是经济实力最弱的，但人口却是银川市的

2 倍多，地区生产总值大大低于全区平均水平，约为银川市的 30%（表 2.3），人均地方财政收入仅为银川市的 4.5%，农民人均纯收入仅为宁夏平均水平的 78.4%，城镇化率仅为 8.7%，是一个主要靠农业经济发展的贫困地区。

西海固地区各县社会经济概况　　　　　　表 2.3

地市	总人口（万人）	地区生产总值（万）	人均地方财政收入（万元）	农民人均纯收入（元）
宁夏全区	613.9	10985100	1547.4	3681.4
银川市	102	3535031	2653.4	
石嘴山	45.9	1756538	2533.2	
同心县	35.3	183563	139.8	5444.5
海原县	38.8	149262	70.7	1828.9
原州区	44.2	315479	126.3	2666.9
西吉县	41.1	185259	67.7	2590.3
彭阳县	24.6	121194	148.6	2663.3
隆德县	16.7	80307	117.2	2603.5
泾源县	11.5	55689	169	2424.1

资料来源：根据《2012 年宁夏统计年鉴》相关数据整理得到。

2.3.1　农业生产类型

西海固地区年平均气温 3 ~ 8℃，全年无霜期 90 ~ 100 天，多冰雹，属温带大陆性干旱半干旱气候，水资源极度匮乏。[51] 境内耕地面积 58.47 万 hm^2，占宁夏全区耕地面积的 72.4%，其中旱地占 94%[52]，是典型的旱作农业区。当地农村经济农牧并举，农业生产力低下而且不稳定。

栽培粮食作物以耐旱、耐瘠、抗逆性强的旱地作物为主，有春小麦、糜子、谷子、豌豆、扁豆、马铃薯和荞麦等。小麦是当地产量最多的粮食作物，冬小麦主要分布在彭阳、泾源、隆德等县。糜子抗旱耐瘠，适应性强，是西海固地区的主要秋作物，分布广泛，以盐池、同心、海原居多，年产量约 4.96 万吨，占宁夏粮食总产量的 3.92%，盐池县产量最多。

西海固地区经济作物以胡麻为主，仅固原市年约种植 5.3 万 hm^2，总产量 8 万吨，素称固原为宁夏的"油盆"。其他作物如葵花、甜菜、枸杞、甘草、玉米等的种植面积逐年递增。

农牧并举的生产方式对西海固地区民居的院落布局有一定的影响，院落内建筑布局比较松散，普通的回族人家都会饲养牛、羊等牲畜。通常牲畜圈都会布置在院落的东南角与大门并排设置，有的大的院落也会布置在比正房略南的位置上，但一定是朝阳的好位置。

2.3.2　贫困问题

地区资源匮乏、生态环境脆弱与贫困问题往往相生相伴，贫困问题也是资源与环境问题。英国学者认为："最贫困的人口生活在世界上生态恢复能力最差、环境破坏最严重的地区。"[53] 资源的短缺、环境的恶劣，既不利于农业生产，也不利于人类聚居地的营建。西海固地区的贫困就是因为地区环境恶化、水土流失严重、资源短缺、农业经济发展缓慢，土地承载力严重超负荷，广种薄收，不能解决基本温饱问题，于是人们进一步扩张土地，加剧了环境压力，即"越垦越穷，越穷越垦"。

西海固是宁夏最贫困的地区，也是全国贫困发生率最高的地区。以绝对贫困计算的 H 值（表2.4），宁夏地区（西海固地区的8个国家级贫困县）平均值是全国水平的3.1倍，按照低收入计算的 H 值，西海固地区是全国水平的3.84倍。

2000 ～ 2004 年宁夏与全国贫困发生率比较　　　　　表 2.4

年度	绝对贫困计算的 H 值		低收入计算的 H 值	
	全国	宁夏	全国	宁夏
2000	3.50	13.00	6.70	30.83
2001	3.20	11.83	6.60	28.83
2002	3.00	7.50	6.20	23.67
2003	3.10	7.33	6.00	20.67
2004	2.80	9.00	5.30	14.33

H 为贫困发生率（Head Count Ratio），指贫困人口占全部总人口的比率，它反映地区贫困的广度。
资料来源：杨国涛. 宁夏农村贫困的演进与分布研究 [D]. 南京农业大学博士学位论文，2006：77.

西海固地区 2007 年农民人均纯收入为 2190.52 元，仅为全国农民人均纯收入 4140.0 元的 52.9%。绝对贫困人口达 8.8 万人，贫困发生率依然高居 4.3%，其中原州区贫困人口最多，贫困发生率最高竟达到 7.3%（表 2.5）。

西海固地区各县农民收入及绝对贫困人口分布（2007 年）　　表 2.5

地区	农民人均纯收入（元）	绝对贫困人口（万人）	贫困发生率（%）
西海固地区	2190.52	8.8	4.3
原州区	2241.1	2.9	7.3
西吉县	2215.43	1.1	2.7
隆德县	2175.00	0.9	5.8
泾源县	2064.09	0.6	5.4
彭阳县	2266.42	0.5	2
海原县	1920.09	1.9	5.1
盐池县	2623.61	0	0
同心县	2215.43	0.9	3.8

资料来源：50 年城乡巨变——宁夏城乡居民生活消费实录. 银川：宁夏人民出版社，2008.

贫困与空间距离有着密切关联，根据相关研究，乡村聚落的贫困发生率通常与聚落所在区位有很强的关联性，例如村落与县城中心的空间距离越近，则贫困的发生率越低。根据西海固整个区域贫困人口的分布状况来分析，以其中一个县城为中心，贫困人口往往主要分布在与县城空间距离大于 10km 的偏远区域；如果以某县的一个乡镇为中心，贫困人口则往往分布于与乡镇政府空间距离小于 10km 的区域。[54] 贫困导致农民收入低，地方政府财政收入低，村镇基础设施投入少，原本封闭的环境加之交通状况差，教育、医疗、通信落后，村镇发展受到极大限制。

2.4　西海固地区人文环境

西海固地区是关中地区通往河西走廊的重要关口，一直以来都是农耕经济、文化与游牧经济、文化的交界地带。从区位上看，该地区距离陕西关中平原仅几百里路，受到中原农耕文化影响更深。同时，固原是西海固地区的腹地，位于古丝绸之路东段北道的重要节点。固原萧关古道、瓦亭等地出土的文物和近年来出土的罗马、波斯金银币，诠释了固原悠久的历史及其在古丝绸之路上的重要位置。因此，西海固文化具有明显的多元性和复杂性。

2.4.1　历史沿革 [55]

以固原市为中心的宁夏西海固地区是区内历史悠久、开发较早的地区，旧石器时代就有先民繁衍生息在这里。以六盘山为中心，沿泾河、渭河、清水河等河谷地带分布的新石器时代遗址更是多达两百余处。先后出现了仰韶文化北首岭型、马家窑文化石岭下类型、马家窑类型、马家窑文化店河—菜园型、齐家文化等文化类型。

公元前 327 年，秦在今固原境内设乌氏县，位于固原瓦亭一带，是宁夏境内第一个县级行政建制。公元前 214 年，秦朝移民于河套地区几百万户，开创了西海固地区大规模开发的历史先河，在当地形成了以牧业为主、农业为辅的发展格局。同时，固原地区是秦北伐匈奴的重要战略后方，军事供应线的关键一环，是转运、储备军用物资、粮食的要地。

西汉元鼎年间，随着丝绸之路的开通，西海固地区政治、军事战略地位得到加强。至元鼎三年（公元前 114 年）在宁夏南部设置安定郡，郡治高平（今固原），下辖 21 个县，即今天的西海固地区，隶属凉州刺史部，这是宁夏境内第一个郡县级建制。[56] 汉代实行移民实边方案，在边地建立城邑，每个城邑迁徙千户以上的居民，屯垦、兵垦以及西汉实行的边地养马政策，促使西海固地区畜牧业与农业兴旺格局的形成。

魏晋南北朝时期，境内出现了更大规模的民族迁徙，先后有羌族、匈奴、鲜卑、柔然、氐族、汉族等民族繁衍生息。北魏时期，须弥山石窟的开凿，使得佛教文化进入鼎盛时期，同时，本地区为"河西牧地"，为朝廷提供军马和畜牧产品，屯田、屯牧使得经济得到恢复。

隋唐时期，以原州（今固原市原州区）为中心建立了隋唐王朝的官牧基地，隋改原州为平凉郡，唐改平凉郡为原州，隶属关内道。隋代，西海固地区成为汉、突厥、铁勒、吐谷浑、粟特（"昭武九姓"的史姓聚居定居在原州）、党项等多民族活动地区。唐代，原州的军事地位十分重要，境内萧关甚至成为军事代名词，军屯、民屯继续，成为朝廷的牧马中心，由于丝绸之路的畅通，佛教得到进一步发展。

宋及西夏时期，西海固境内战争频发，设置军政合一的行政建制镇戎军。宋与西夏交界之地军、城、堡、寨、关星罗棋布，徙人居住，且耕且战，形成了以防御为特征的建筑风格，遗留至今。由于宋、西夏经济的互补性，这一时期的宋、西夏商业贸易仍旧兴旺发达，食盐、粮食、茶叶、布、马匹等贸易十分频繁，佛教、道教并行。

金和平取代北宋对西海固的统治，由于军事的需要，造成了大规模外来人口（河北、山西、河南等）的迁徙，军屯于本地，实行汉化政策，佛教兴盛，社会稳定，经济得到了一定程度的恢复。

元代是西海固封建社会历史上最辉煌的时期，人口来源多向，以蒙古族为主要聚居民族，其次有汉族、党项、吐蕃、吐谷浑及中亚、西亚、新疆等地的其他民族。属陕西行中书省开成路的西海固地区，当时设置有开成州和广安州，开成(今固原市原州区)为安西王王府所在地。以六盘山地区为大本营、军事基地、军屯、民屯之地，以及皇室人员及属户的居住地，重畜牧轻农耕，土地破坏较为严重，畜牧经济比重大，农业经济急剧萎缩，手工业、建筑业、制造业有巨大发展。由皈依了伊斯兰教的蒙古人和成吉思汗西征移入的中亚各族人组成的回族共同体正在形成，并聚居在交通便利的河谷川道地带，形成散点式回族村落。

明朝，以汉族为主体的农耕文化、儒家文化的统一王朝实现了对西海固地区自宋代以来初次全面彻底的统治。政治、经济、文化、社会、民族、宗教情况极其纷繁复杂。明代中后期，该地区军事地位突出，设立地方最高军政机构——三边总制府，成为九边重镇之一，并设有兵备道。马政监苑遍布境内，手工业有长足的发展，畜牧业占绝对主导地位，但自然灾害频发，徭役赋税重，人民生活困苦。

清代，随着西北疆域的开拓，固原地区军事重镇地位有所下降。今固原地区设固原州、隆德县、盐茶厅，隶属陕西省平凉府。西海固地区随着社会历史的发展，社会安定、人口增加，经济有所发展，由于清廷鼓励垦荒，自然生态遭到严重破坏，官牧马政开始走向衰败，以农业为主，牧业为辅的经济格局形成。根据当时的绿营兵制，导致地区兵多民少，社会人口结构畸形，重武轻文，不重视农耕。宗教民族问题突出，同治年间回族起义失败后大量陕甘回族和宁夏北部川区的回族被迫迁入西海固地区，山区人口倍增，村落数量倍增，回族由于生存和宗教的需要集聚而居，形成了今天西海固地区回族社区的聚居空间模式。

1953 年设甘肃省西海固回族自治区（专区级），辖海原、西吉、固原 3 县 23 个区。1954 年改称西海固回族自治州。2001 年建立固原市。[57]

2.4.2　人口与民族

西海固地区总人口 214.55 万（2012 年数据），汉族人口为 96.76 万，占 45.10%，回族人口为 117.54 万，占 54.78%，其他少数民族人口为 2572 人，占

0.12%。1977 年，联合国荒漠化会议提出：干旱区人口临界指标为 7 人 /km²，半干旱区为 20 人 /km²。西海固平均人口密度为 77 人 /km²（表 2.6），由于地形地貌的沟壑纵横、破碎崎岖，人口多集中于地势较为平坦的塬、川、岇、台、盆等区域，密度最大的地区在隆德县，达到 129 人 /km²，超过联合国规定的干旱区每平方公里 20 ~ 30 人上限的 5 ~ 10 倍之巨，区域内人地、人水矛盾的尖锐程度可想而知。[58] 人口多，土地资源、水资源承载力差，导致西海固地区人地矛盾突出。

西海固境内除了汉族、回族外，还分布有蒙古族、满族、东乡族、壮族、土家族、苗族、朝鲜族、土族、藏族、锡伯族、侗族、撒拉族、布依族、黎族、瑶族、裕固族、白族、哈萨克族等 32 个少数民族。其中东乡族与蒙古族人数较多，主要分布在海原县，其他少数民族交错分布。

西海固地区人口统计表

表 2.6

	原州区	彭阳县	隆德县	西吉县	泾源县	同心县	海原县	盐池县	合计
总人口	424298	205452	164002	366645	103884	331389	400323	149550	2145543
汉族比重（%）	51.09	69.20	88.29	43.21	22.16	9.61	26.12	97.61	
回族比重（%）	48.76	30.77	11.67	56.77	77.82	90.33	73.58	2.18	
其他少数民族比重（%）	0.15	0.03	0.04	0.02	0.02	0.06	0.30	0.21	
土地面积（km²）	3501.01	3238.31	1268.24	4000	1442.67	5666.7	6377.64	8377.06	
人口密度（人 /km²）	121	63	129	91	72	58	62	18	77（平均）

资料来源：根据《2012 年宁夏回族自治区统计年鉴》数据整理。

2.4.3 风俗与文化

千百年来，古氐、戎、羌、鲜卑、汉、沙陀、匈奴、吐蕃、党项等民族频繁进退于西海固地区，使该地区成为西北各民族密切交往的地区，从而孕育了丰富而灿烂的历史文化。元代以后，该地区的民族结构发生了变化，从中亚、西亚东来的民族先后进入宁夏，伊斯兰教文化开始传播。明、清以后，西海固地区的民族构成大体稳定，以汉、回两个民族为主，成为西北伊斯兰文化圈的重要组成部分。西海固地域文化经过长期的历史积淀形成了独特的民族融合特征、边疆军事特征及多宗教特征。

1. 民族融合特征

自周朝至今，宁夏境内都表现出民族众多，迁徙频繁的特征。地处中原农耕文化与北方草原游牧文化交错之地的西海固地区成为古代、现代各民族密切交往的地区。西周时期它主要是义渠戎、乌氏戎和朐衍戎等民族的活动范围。春秋战国以后，西海固就开始成为多民族进入的主要地区，南北朝时期更是汉、匈奴、鲜卑、羌、氐、羯、敕勒、柔然等多民族进入的地区。隋唐时期，西海固地区安置过包括突厥民族在内的北方的众多民族，且有过自治性的特殊管理形式。唐后期，回纥、吐蕃、吐谷浑、党项等民族进入宁夏。元朝，这里的民族构成中又增加了蒙古族及其他中亚、西亚民族。明代以后，西海固地区各民族的迁徙大体稳定，汉、回两个民族成为主要民族。清代，又增加了满族。各个历史时期因为军事、政治、经济等方面的原因，统治者都要向宁夏迁入大量的军队进行军屯、民屯，加之各少数民族的南下，使得西海固地区成为了古代民族大融合的重要区域。

2. 边疆军事特征

西海固地区自古便是边疆地区，自先秦以来，西海固境内每个朝代都驻有大量的军队驻防、御边、屯田，军事与战争的文化伴随着西海固数千年的历史进程。据《汉书·地理志》记载，当地汉族居民因"皆逼近戎狄，修习战备，高上气力，以射猎为先"，故多出骑士。西汉时期有"使五家为伍，伍有长；十长一里，里有假士；四里一连，连有假五百（帅员）；十连一邑，邑有邑侯；皆择其邑之贤材获习地形知民心者，居则习民于射法，出则教民于应敌。"❶宋与西夏对峙时期，北宋对西海固这样的极边地区实行军政体制，使得这一地区军、城、堡、寨、关遍布全境。大量的城、堡建筑遗址遗留至今，据不完全统计，西海固地区现存的堡寨数量超过 300 个。同时，由于军事文化的影响使得当地城、镇命名都具有军事色彩，例如固原的"头营"、"大营"、"三营镇"、"瓦营"、"萧关"等。

3. 多宗教（民间信仰）特征

儒家文化的深入影响以及不同历史时期传入西海固地区的各种宗教，反映了区域文化特征。西海固地区主要宗教（包括民间信仰）为佛教、道教、伊斯兰教。作为西海固腹地的固原（六盘山地区）是中华文明重要的发祥地之一，是周祖文化、神农炎帝以及伏羲文化三大文化板块融汇地区，是典型的农牧兼重的文化类型。儒家信仰从汉武帝时代开始在全国范围内传播和推广，至今固原及其周边的西海固地区都深受影响。从固原历代城图可以看到，孔庙、文庙是必备的形制。北魏时期，固原地区就是丝绸之路中段北路重镇，因而成为佛教传入关中、中原地区的重要通道。[59] 由此产生了西北历史上最早的大型佛教建筑——固原须弥山石窟。道教作为中国土生土长的宗教体系，宋代以后在中原地区有了很大的发展，今天同心县的莲花山道观依然是当地及其周边地区重要的道教圣地，每年重要的道教节日时这里都聚集了大量的信众前来上香。随着回回、蒙古人口的逐渐迁入，元代伊斯兰教在西海固地区开始广泛而深入地传播与发展，西海固地区开始有大规模的回族聚落产生，形成"元时回回遍天下"的局面。

---

❶《汉书·袁盎晁错传》

第3章 历史时期西海固乡村聚落的演变历程

本章以时间为纵轴，对宁夏西海固地区石器时代，西周至秦汉时期，魏晋南北朝至隋唐时期，宋、金、西夏时期以及元、明、清等几个历史阶段人类聚居环境、社会环境、生产方式以及人文宗教的变化与乡村聚落、乡土建筑之间的演进关系进行分析研究。

3.1 石器时代的聚落

3.1.1 原始聚落群呈带状分布

西海固地区的原始自然环境是适宜人类居住的。考古资料表明，旧石器时代这一地区就有人类繁衍生息，至新石器时代，即原始社会晚期，西海固地区气候温暖潮湿，生长着茂密的阔叶林。自然环境特别适宜人类聚居，以原始农业经济为标志的齐家文化尤其兴盛，区域内广泛分布着马家窑文化和齐家文化遗址。马家窑文化时期，居民还不会凿井取水，遗址多分布于河流两岸阶地阳坡，出土有用于耕作松土、收获和砍伐树木的石器，代表以农为主、狩猎为辅的生产方式。[60]

六盘山东西，清水河、葫芦河、泾河流域等地都有古人类活动的足迹，共发现新石器时代文化遗存 240 多处。[61]西海固地区新石器时代文化遗址主要分布在固原市（包括原州区、西吉县、隆德县、彭阳县、泾源县，四县一区，是西海固的腹地）境内，是以黄河一级支流清水河为界的东西两线（图3.1），绵延百里以上呈条带状分布。东线范围南至南郊二十里铺，北达七营乡柴梁。西线在清水河河谷西部与六盘山脉东麓的开城乡、西郊乡小川子、中河乡油坊、庙湾、中河桥、孙家庄、彭堡乡臭水沟、杨郎乡铁家沟沿冬至河一线。[62]这两条沿清水河东西两线分布的新石器时期的聚落群，当时居住着一些氏族的血缘部落。这些部落有自己的名称以及生活、生产的特定区域，各个部落之间有边界地带作为缓冲。部落间利用各自生产的不同产品进行物品交换、友好往来。清水河以东的部落背靠黄垛山、东岳山、程儿山一线，拥有共同地质、地貌和自然条件，人们利用质地细腻的红胶泥、石英砂烧制陶器，这一优势应该是部落先民定居此地的因素之一。东部部落选择居址背山临水，避风向阳，适宜长期居住。西部部落

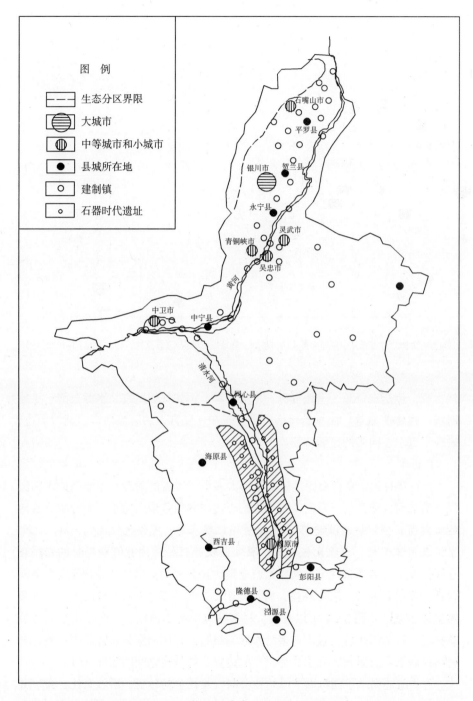

图 3.1 石器时代西海固
聚落遗址分布示意图

处于河谷地带，地势平坦，水草丰美，便于迁徙，生产方式偏重牧业，这
一类型的部落推断应是后来河谷川道型聚落的原始形态。

3.1.2 原始聚落选址近水向阳

西海固地区原始先民聚落选址特征表现为首先考虑自然环境条件的适宜
性，而自然环境就是指：当地的气候条件，包括干旱、气温、日照、风等；自

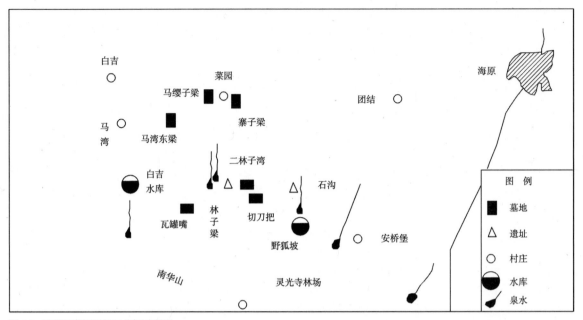

图 3.2　海原县菜园村遗址位置示意图
（根据宁夏文物考古研究所，中国历史博物馆考古部，宁夏海原县菜园村遗址、墓地发掘简报［J］．文物，1988（9）：1–14．清绘）

然资源，包括水资源、土地资源、植被资源。例如气候适宜、水源充沛、土地
肥沃、森林茂盛等。故原始聚落大多分布在气候宜人的河流两岸、湖泊周边，
表现了近水、向阳的显著特征。

1. 近水

新石器时代宁夏西海固地区的聚落大多位于河流的附近，主要是位于祖厉
河、清水河、葫芦河、泾河及其支流的近边，多数是依山傍水。当时先民生活
的时期因正值"仰韶温暖期"，气温普遍比现在高，气候也较适宜，加之他们
生活在河流附近，土壤比较肥沃，灌溉也较便利。[63] 由此判断当时的先民在
这样的气候、自然条件下发展原始农业是比较合理的。例如海原县西安乡菜园
村新石器时代遗址，靠山临沟，背风向阳，接近水源，面积达 10km²。根据菜
园遗址示意图（图 3.2）可以看出，村落群位于南华山以北，靠近山地的区域
有林场，较为平坦的区域内有多处水库、泉眼，村庄则穿插布置其中，墓地与
村落的联系十分紧密，几乎成为村庄的边界、村与村之间的缓冲地带。

这些遗迹揭示了西海固从原始社会向奴隶社会的转变，游牧文化、畜牧并
重文化到农业文化的过渡与变更。随着先民认识和改造自然能力的提高，居住
地也从原先临近水源的高坡向河岸的二、三级台地上迁移，居住方式由穴居、
半穴居向地面建筑转变。

2. 向阳

根据《固原地区新石器时代遗址调查简报》所摘绘的表 3.1 所示，新石器
时代西海固地区广泛分布着人类居住遗址，这些遗址大多位于海原县、西吉县、
隆德县、固原市（原州区）、彭阳县等地区。根据统计发现，原始人类对居住

地的选择有相同的特征,即"依水而居",所有居址无一例外地选择了在河流、河沟两岸以及有泉水的区域;房屋的选址则根据山形地势,选择在中坡、缓坡、台地及平地,不但可以预防洪涝灾害,而且方便人畜取水以及进行原始农业的耕作。在居住地朝向方面,22个统计遗址中有7例选择朝南或东南,5例选择朝西或西北(仅1例),6例选择朝东,其他4例因在平地或台地上无法判断朝向。据此,基本可以推断原始人类对居住建筑的朝向会根据所处山沟、山坡与太阳的关系和气温、风向等进行选择,大多会选择南、东、西,仅有位于西吉县白崖乡的坟曲梁遗址选择了西北的朝向,根据红套河在北侧,向东流入寺臭水,的地形地貌以及当地的地名判断,应该是由于河谷的北边是陡坡或者悬崖,只能选择坐南朝北的方向了。

3. 石器时代聚落特征

(1)聚落分布在面向东南20°左右的坡地上;

(2)聚落选址靠近水源、背山临沟、避风向阳;

(3)聚落墓地位于朝西或者西北的坡地上;

(4)墓地与房址的方向相背,聚落内部组织结构特征明显。

宁夏西海固地区新石器时代遗址调查统计表　　　　　　　　　表3.1

编号	遗址名称	位置	地势地貌	朝向	附近水流	水系	面积(m²)	年代
1	杨家大庄	海原县树台乡	中坡,东靠山	西	园河在西侧,向北流如清水河	清水河	100×50	中
2	三滴水	西吉县白城乡	中坡,西靠树儿梁	东	宝河在东侧,向西南流入祖厉河	祖厉河	200×100	中
3	坟曲梁	西吉县白崖乡	陡坡,圆顶	西北	红套河在北侧,向东流入寺臭水	清水河	100×50	晚中
4	王河	西吉县兴隆镇	陡坡,西靠高山	东	葫芦河在东边,向南流入渭河	葫芦河	100×20	中
5	黄沟	西吉县十字乡	陡坡,西靠高山黄沟梁	东	黄沟在东侧,向北流入什字路河	葫芦河		中
6	毛沟	隆德县联财乡	中坡,北靠山	南	毛沟在西侧,向西南流入渝河	葫芦河	50×50	中
7	高坪	隆德县联财乡	中坡,北靠山	西	渝河在北边,向西流入葫芦河	葫芦河	60×30	中
8	周家嘴头	隆德县神林乡	台地,东靠堡子坨山	西	渝河在北侧;朱家河在南侧,向西流入渝河	葫芦河	200×80	中
9	页河子	隆德县沙塘乡	缓坡,北靠北山	南	渝河在南边	葫芦河	295×255	晚中
10	马家河	隆德县沙塘乡	中坡,东靠山	西	沙塘川在南边,向西流入渝河	葫芦河	100×50	中早
11	胜利	隆德县凤岭乡	缓坡,西北靠山	东南	烫羊沟在东侧,向北流入朱家河	葫芦河	300×200	早
12	上齐家	隆德县凤岭乡	中坡,西靠山	东	冲沟在东侧,向北流入朱家河	葫芦河	100×80	中
13	铁家沟	固原县杨郎乡	中坡,北靠山	南	方家堡沟在南侧,向东流入清水河	清水河	40×40	中早
14	套子沟	固原县彭堡乡	平地		盐关沟在北侧,套子沟在南侧,都向东流入冬至河	清水河	100×100	中
15	沈家泉	固原县彭堡乡	平地		大营河在东边,向北流入冬至河	清水河	50×50	中
16	中河桥	固原县中河乡	平地		中河在西侧,向北流入冬至河	清水河	150×20	晚中

编号	遗址名称	位置	地势地貌	朝向	附近水流	水系	面积（m²）	年代
17	明川	固原县河川乡	陡坡，圆顶	南	明川在南边，向东流入白河	泾河	50×50	中
18	黑马湾	固原县河川乡	中坡，西靠山	东	大沟在东侧，向北流入明川	泾河	50×30	中
19	打石沟	彭阳县古城乡	中坡，北靠山	南	茹河在南侧，向东流入泾河	泾河	100×50	中中早
20	刘庄	彭阳县新集乡	中坡，北靠山	南	小河在南边，向东流入红河	泾河	50×40	中
21	海子	彭阳县沟口乡	台地		姚河在东侧，向南流入大河	泾河	30×30	晚中
22	陈沟	彭阳县城阳乡	陡坡，西靠高山	东	陈沟在东侧，向北流入茹河	泾河	40×20	早

资料来源：张维慎.宁夏农牧业发展与环境变迁研究[D].西安：陕西师范大学博士论文，2002：10-11.据表一改绘，说明亦引自该表。

说明：
1. 地势地貌：7°以下有平地和台地；7°～15°为中坡；25°以上为陡坡。
2. 水系：祖厉河在甘肃境内向西北流入黄河；清水河在宁夏境内向北流入黄河；葫芦河在甘肃境内向南流入渭河；泾河在陕西境内向东南流入渭河。
3. 年代：早，相当于石岭下类型；中，相当于宁夏海原县菜园村林子梁遗址一期和二期；晚，相当于齐家文化。

3.1.3 原始房屋生土构筑

大约7000年以前，宁夏西海固地区的居民便进入了定居的、以原始农业为主要生产方式的社会发展阶段。[64] 根据已经发掘的多处新石器时期遗址，可以推断西海固地区原始人类房屋的基本类型为窑洞式、半地穴式、夯土墙体房屋。

1. 窑洞式房屋

西海固地区大多数的原始人类遗址所表现的居住建筑类型是窑洞。其中海原县菜园村遗址的窑洞式房址被称为"中国窑洞的鼻祖"。其遗址平面呈椭圆形，现存部分残口东西长3.8m，南北宽3.4m，由室外场地、门道、房屋三部分组成（图3.3）。窑洞的朝向为东北方向，根据许成等专家的研究，门洞北壁的方向为77°。房屋是典型的窑洞式，开凿在厚厚的黄土层中，由地面、墙面、屋顶三部分组成。房屋平面呈椭圆形，东西向进深4.1m，南北向开间4.8m，地面厚度为4～7cm，面积约20m²。根据考古资料可以看出，原始人类开凿的窑洞有深深的隧道式门道，有室内外高差，同时设置有防止雨水进入的门槛，屋顶高度为3m左右，室内空间以灶坑为中心，略呈圆形。

2. 半地穴式房屋

半地穴式房屋是先从地表向下挖出一个方形或圆形的穴坑，在穴坑中埋设立柱，然后沿坑壁用树枝捆绑成围墙，内外抹上草泥，最后架设屋顶。屋内，地面修整得十分平实，中间设有一个灶坑，用来烧煮食物、取暖以及照明，睡觉的地方高于地面。

隆德县沙塘新石器时代遗址位于沙塘镇北侧塬地上（图3.4），文化主体相当于龙山文化类型，距今约4500年。遗址发掘面积约450m²，已清理的房址有半地穴式和窑洞式两种。半地穴式房址有八座，可分三种：第一种为带有白灰面，有F1、F2、F3、F4和F5五座；第二种为未带白灰面，只有F6一座；第三种为窖穴式，有 H25 和 H59 两座。窑洞式房址只发现一座，即 F7。

　　白灰涂面的房址以 F3 为例，平面呈"凸"字形，南北总长 5.41m，东西宽 2.42 ~ 2.94m。墙角为圆角，壁面由下至上稍有外扩倾斜，涂抹过一层很薄的白灰，壁面残高仅 36 ~ 58cm。地面北高南低，表面抹有一层约 0.4cm 厚的

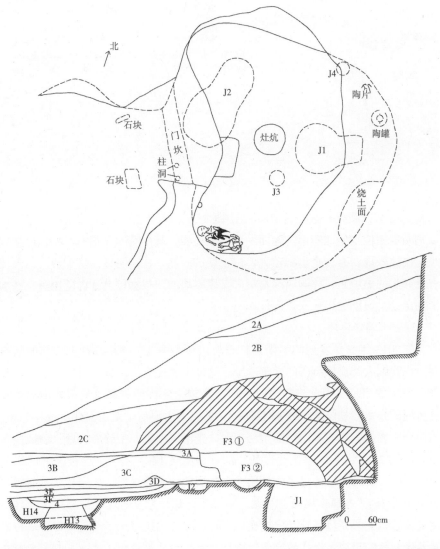

图 3.3 菜园遗址窑洞房址平面及剖面（根据宁夏文物考古研究所，中国历史博物馆考古部，宁夏海原县菜园村遗址、墓地发掘简报［J］.文物，1988（9）：1–14. 清绘）

图 3.4 隆德县沙塘北塬遗址（网络资料）

图 3.5 彭阳县打石沟遗址整齐排列的房址（网络资料）

白灰。房室中部有一直径约 90cm 的圆形灶坑。门道位于房室的南端，基本可以判断房屋位置坐北朝南。地面发现五个柱洞，其中有四个基本对称，形制较小，也比较浅，有一个形制较大，位于灶坑西侧，柱窝明显，呈锥形，周围填有经夯实的黑垆土，柱洞应该是用来支撑屋顶的。根据以上考古勘探资料基本能判定这是典型的半地穴式房址。

3. 夯土墙体房屋

在 2013 年 5 月发掘的彭阳县打石沟遗址（图 3.5）是 4000 多年前的新石器时代晚期人类氏族部落的聚落遗址。遗址中发现有大量袋状窖穴、半地穴和夯土墙体的房址，由此推断当时人们已经较为熟练地掌握了利用夯土墙体建造房屋的技术。遗址已经挖掘 1000m²。发掘的主要房址依山而建，成排分布，均为夯土墙体，地面和内壁面用白灰涂抹光滑，中部一个圆形火塘，墙体残存最高的达 2m，由于修整土地破坏，部分房屋高 1m 左右。从已被破坏的房址断面观察，有的房址经过多次利用，白灰层地面多达 3 层。彭阳县文管所所长杨宁国介绍："房址出现的草拌泥、夯墙等建筑工艺可与现代固原地区土坯房建造技艺媲美，夯墙房址是宁夏发现的最早地面建筑遗址；白灰是用当地的石灰石烧制的，用白灰涂抹的地面和墙壁用来防潮，质量和工艺一点都不比现在的地板砖差。"

根据以上遗址情况基本可以判断旧石器时代到新石器时代晚期，西海固地区人类居住形式以集中居住的村落为主，房屋基本形式主要有窑洞式、半地穴式和地面房屋三种，实际上是由穴居、半穴居向木骨泥墙房屋的过渡。

3.2 西周至秦汉时期的聚落

三千年前的殷商时期，全新世大暖期结束，宁夏"北牧南农"的生产分布格局发生了巨大变化。[65] 由于气候由温暖潮湿转向干旱寒冷，森林植被界限随之向东南迁移，北方原始农业区南移到中原一带，导致草原环境恶化，从而迫使西戎等游牧部落向东南迁移。故从商至周，西戎部落遍及宁夏南北各地区。❶ 西海固地区则被义渠戎等部落占据。义渠戎是当时游牧民族较为强盛的一支，主要居住在六盘山东西两侧，文化落后于中原地区，常常以游牧为生。

3.2.1　游牧部落依随水草，居无定所

春秋战国时期，西海固地区主要有义渠戎、乌氏戎、大荔戎等氏族部落，过着"依随水草，居无定所"的游牧生活。氏族部落的90%分布在清水河河谷的彭堡、头营、杨郎一带，以群落面貌出现。部落之间"各分散居溪谷，自有君长，往往而聚者百有余戎，然莫能相一"。❷ 这些史书的记载表明了当时部族聚落的散居状态。义渠戎"所居无常，依随水草，地少五谷，以户牧为业"，因当时以户为单位的原始部落从事的主要是牧业生产，土地很少耕种，所以聚落的选址一般为靠近水源、草地以方便饮水和放牧。由于他们一直过着狩猎、采集的生活，随着季节、气温、雨水的变化和牧草生长情况，居所必须不断迁徙，故居住形态推测应为"庐帐"。

在早期的关中先进文化与宁夏土著游牧文化的冲突交流中，西周或秦文化自身就是农牧兼重的文化类型，在社会行为和心态方面与北方的游牧文化相差无几。❸ 所以，随后一个时期，以关陇地区为发源地的西周文化、秦文化北上，与原在西海固及邻近甘肃等地的义渠戎的游牧文化发生社会组织层次上的接触，使义渠戎人学会筑城、农业耕种，开始定居生活。

3.2.2　城、乡聚落的分化

战国时期"义渠之戎，筑城郭以自守"，开始进入城居时代[66]，表明当时出现了乡村聚落与城邑的分化。秦惠文王十年（公元前315年）征战讨伐义渠，"遂拔义渠二十五城"[67]，说明当时的义渠国已经筑有大量城池，当地百姓应有相当数量的人已经在城中居住，过着城居生活。但由于战争的原因，乡村聚落处于稀疏的分散状态，同时分布状态并不稳定。

这一时期，由于气候转暖，西海固地区雨水增多，为发展农业提供了较为有利的条件，本地区农业第一次大规模开发，农业人口激增，不少林地变为农地。公元前7世纪从西戎中分化出来的先秦，以关中地区为中心，开始从游牧经济转变为农业经济为主的农业社会，并把农业生产经营从关中地区推移至今天的西吉、固原、彭阳一带。[68] 彭阳县古城出土的文物——先秦铜鼎，鼎上刻有铭文"咸阳一斗三升"和"今二斗一升十一斤十五两"[69]，根据这种专属

---

❶ 《后汉书》卷八十七

❷ 《史记·匈奴列传》

❸ 1981年在宁夏南部固原县中河乡曾发现一座西周早期墓葬，出土有铜鼎、铜戈等，其器形、纹饰都与陕西等地发现的同期周人用具相同，另外有的学者亦撰文指出，宁夏南部也存在青铜器文化。

图 3.6　同心下马关段长城（马建军提供）

农业社会的量具的出土，可以推断战国时期西海固大部分地区农业生产的发展状况，自然作为农业社会物质载体的乡村聚落也会相应有所发展。

秦统一中国后，置北地郡，辖有西海固地区的一部分。西汉武帝元鼎三年（公元前114年）分地置安定郡，郡治高平（今固原），辖二十一县。这是西海固地区归属中央政权和建制之始。[70]秦灭义渠戎国，"于陇西、北地、上郡，筑长城以拒胡"。秦长城因地制宜，就地取土，夯筑而成。筑长城（图3.6）时在外侧取土，取土处自然形成陡直壕沟。每隔200m设有敌台，现存遗迹残高5～20m。长城沿途的要道及隘口都建有用于防御和屯戍的边城。固原古城附近就有严家庄、孙家庄、北十里铺三个边城。

3.2.3　军事聚落的雏形

西汉时期，西海固地区军事、政治地位进一步巩固，社会经济有了较快的恢复和发展，屯田加速了当地的农业生产的发展和人口的增长，汉人从内地带来了铁制的农具和耕作技术，促进了西海固地区的生产力发展。同时，随着农耕民族在黄河上游地区的农业开发，使得原来的游牧区大量草原发展为农耕经济为主的聚居区，郡县级城镇随之不断发展。

固原为安定郡治，辖21县（道），因地位险要，古称高平第一城（图3.7）。从古城遗址中发现陶水井、陶排水管道（陶管有五角形、圆形、曲尺形等管道）表明当时已有供排水设施。据《汉书·地理志》记载，公元2年安定郡共有人口42725户，143294人，平均每县约2000余户，6000余人。可见当时的城市规模之大。根据晁错的移民实边方案，在边地建立城邑，每个城邑迁徙千户以上的居民，此为最低限度。以此推算安定郡治高平有民千户以上，加上郡兵，估计高平城人口近万人。据史载，东汉初年，安定郡"土广人稀，饶谷多畜"，说明当时畜牧业和农业同时发展，呈现兴旺局面。汉文帝时期，朝廷在边地（包括今固原）建立马苑36所，用官婢3万人，养马30万匹。同时，汉代安定郡

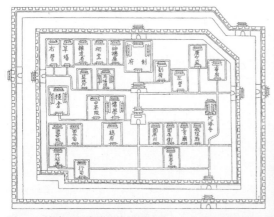

图 3.7　始建于汉代的明代固原城图（左）及今固原城墙（右）

图 3.8　固原城关出土汉代瓦当（左）及陶制排水管（右）

与内地的交通联系也大大增强，"邮亭驿置相望于道"。[71]

　　从固原出土的汉代文物（图 3.8）中有瓦、瓦当、排水管道等建筑材料的丰富遗存，当时城市的繁荣可见一斑。今泾源县果家山西汉城垣遗址面积约 50 万 m²，地面还保存着一些城垣的遗迹，有大量瓦当、板瓦、筒瓦、砖及圆筒形陶制排水管等建筑材料。东汉顺帝永建四年（公元 129 年），尚书仆射虞诩上疏中谈到北地、安定诸郡"沃野千里、谷稼殷积……水草丰美，土宜产畜，牛马衔尾，群羊塞道。"❶ 东汉末年灵帝时，公元 168 年，在逢义山之战中，羌人损失牲畜 20 余万头。建宁元年（公元 168 年）在高平西北大战，羌族死 8000 多人，损失牛羊等 20 余万头。次年又在瓦亭山（今固原南）大战，羌众死 1.9 万余人。两年间，段颎部获牛、马、羊、骡、驼达 427500 余头。❷ 一次战争就损失如此大量的人口及牲畜，基本可以推断当时少数民族聚落畜牧经济已经十分发达，聚落人口密度及规模已经相当大。

　　根据以上史料，可以推断秦汉时期西海固地区仍旧为各民族杂居的格局，

---

❶ 《后汉书·西羌列传》
❷ 《后汉书·西羌列传》

聚落的分布、形态与这一时期的战争局势和朝廷的防御部署有着直接的联系，聚落选址倾向于沿着长城沿线设城以形成完整的防御体系，聚落是军事性的，居民多数与军屯有关，居民中士兵也占有相当大的比例。

3.2.4 板屋土墙民居

六盘山地区居民很早即以木板建房，《诗经·秦风》"小戎篇"所描述的"在其板屋"即为西戎在此地建造板屋居住的证明。古代六盘山区气候湿润，森林丰茂，木材作为建筑材料取材十分方便，故当地"民以板为室屋"。"板屋"据推测应是木板材料营建的房屋。秦人发迹天水，受西戎习俗影响（故多居板屋）及适应地理环境（秦地寒故用板，恐雪落不得用）所需，广泛使用板屋，渐成习俗。"板"为形声，从木，反声，本义为片状的木头，凡施于宫室器用的片状物皆可称板。《汉书·地理志》说："天水陇西山多林木，民以板为屋室。"[72] 这里所说陇西就包括西海固六盘山地区。

板屋与土木结构的房屋从建筑材料和建筑构造角度看区别较大，板屋是以木板作为主要建筑材料的房屋。《南齐书·氐羌传》之"氐族板屋"："氐于上平地立宫室果园仓库，无贵贱，皆为板屋土墙。""板屋"是地势高而气候寒冷干燥、盛产林木地区的典型民居，板屋的做法有两种说法：①完全木结构房屋，选择一处平地，以木板自下而上紧密拍列成墙壁，用绳索将木板捆扎结实、牢固后用泥土将木板间的缝隙抹平填好，出入口留出门的位置，由于墙体上使用泥土，外观看像是土墙。屋顶构造与墙体相同，也采用木板和绳索而不用上泥挂瓦，只是用大石头压住木板的两端用来防风。②用版筑的方式夯筑房屋墙体，屋顶用木板覆盖，所谓"板屋土墙"。

3.3 魏晋南北朝至隋唐时期的聚落

这一时期，西海固地区各民族杂居的格局已经形成，但处于原始社会部落阶段的游牧民族之一——鲜卑族在其扩张的过程中引发了历时10年的鲜卑反晋的斗争，处于战争时期的聚落建设是很难开展的，同时，前一时期不断积累形成的较为稳定的聚落形态也会遭到大规模的破坏。

3.3.1 各民族杂居地区

北魏时，杂居在今固原境内的民族有鲜卑、柔然、高车、氐、羌、杂胡、汉族等。这个时期，固原地区是中西交通要道"丝绸之路"中段北路上的重镇，也是佛教传入关中及中原地区的重要通道之一。北魏太和年间（公元477～499年），与山西大同云冈石窟和洛阳龙门石窟属于同一时期的固原须弥山石窟开始建设，为固原文化史上重要事件。

南北朝时期西海固地区再次成为北方多个游牧民族频繁交替和相互融合的基地，成为以牧为主的半农半牧区。西海固地区先后属魏和西晋的雍州安定郡、

前秦和后秦的雍州陇东郡，有鲜卑族万余口陆续南移进入清水河流域。公元 4
世纪末，清水河中游出现他楼城，反映该地得到逐步开发，人口也有所增长。[73]
三国和魏晋时期，匈奴、鲜卑、羌等北方游牧部族纷纷迁入宁夏及邻近地区，
如西晋太康初年（公元 280 年）鲜卑族 10000 余人，陆续迁入宁夏南部的清水
河流域和六盘山地区。[74]"秦筑长城于义渠，其进于村落之时欤。汉唐以降，
密迩羌狄，变乱迭兴，人民居处仍疏疏落落，飘摇不定。"[75]

根据上述史料，不难推测，这一时期，以半农半牧生产方式为主的游牧民
族不断进入西海固地区，迁徙无定，处于各少数民族杂居时期。

3.3.2 农牧移民聚落

隋唐时期，以原州为中心的西海固地区为汉、突厥、铁勒、吐谷浑、粟特、
党项等多民族居住活动地区。

"封建社会生产力水平不是明显地表现在工具和技术的发展上，而是表现
在劳动力的增减上。人口的增加，往往标志着生产力的发展；人口的减少，则
往往标志着生产力的下降。[76]"唐代前期，固原地区境内由于众多民众的迁入
促进了当地农业的发展，人口大增。依据《旧唐书·地理志》有关资料推算，
贞观十年（公元 639 年）、天宝元年（公元 742 年），平凉郡（旧原州，今固原
市）所属的两县及会灵郡（旧会州）所属的一个县（今海原一带），固原地区
当时的户数分别约为 2517 户、11319 人，8460 户，40491 人。

唐代，西海固地区成为为骑兵提供军用马匹的全国最大的养马中心。当地
的居民构成中，军队士兵占相当大的比例，除此以外，还有部分游牧部族。正
所谓"天下劲兵在朔方"。唐朝全盛时期，据《元和郡县图志》记载，属于泾
原节度使的宁南地区，下辖固原市原州区及四县，其中原州（古称高平）、古
城乡（古称百泉，固原城东约 25km）、萧关三县均位于西海固境内。开元到天
宝年间，原州人口、户数增 3.1 倍（表 3.2）。汉族为当时原州地区居住的主体
民族，同时先后有粟特、吐谷浑、铁勒、突厥、回纥、吐蕃、党项等多民族居
住和活动。贞观六年，在原州高平县他楼城（今固原七营北嘴子）安置突厥降
户。这一时期西海固地区的村落体系得到了一定程度的恢复，然而，由于吐蕃
的长期占据和突厥的不断侵扰，刚刚得到恢复的村落体系又一次次被打破。

唐代灵州、原州人口统计表 表 3.2

年代	贞观年间			开元年间			天宝年间（一）			天宝年间（二）		
人口	户数	人口	户均	户数	人口	户均	户数	人口	户均	户数	人口	户均
灵州	3640	21462	5.9	9606			11456	53163	4.6	12090	53700	4.4
原州	2443	10512	4.3				7349	33146	4.5	7580	39123	5.2
总计	6083	31974	5.3	9606			18805	86309	4.6	19670	92823	4.7
资料来源	《旧唐书·地理志》卷 38			《元和郡县志》卷 4			《旧唐书·地理志》卷 38			《通典·州郡》卷 173		

资料来源：张维慎. 宁夏农牧业发展与环境变迁研究 [D]. 陕西师范大学博士论文, 2002：68. 改绘

3.3.3　土坯瓦房民居

唐代西海固地区农牧兼备，生态环境相对平衡，但是山地生态系统的复原能力已遭破坏，生态环境非常脆弱，加之宋朝与西夏王朝在西海固所处的边界地区的不断军事冲突，六盘山林木被用于军事和城、寨、堡的建设，导致森林资源锐减，生态环境遭到致命打击。森林木材产量的萎缩，使得原来由古老的西戎族遗留下来的板屋已经无法建造，因此最为原始的生土建筑重新回到民居形态中来。

3.4　宋、金、西夏时期的聚落

11世纪初至13世纪初，聚居于今宁、甘、陕和内蒙古河套一带的党项族，建立了"地方万余里"的"大夏"王朝，与宋、辽（金）鼎足而立，史称西夏。当时南部六盘山地区属宋（后属金）。西夏在宁夏北部立国，广建宫殿、离宫以及佛教寺院，建筑用材主要取自北部的贺兰山。[77]宋朝与西夏王朝在西海固境内交战过程中，在陇山东西两侧大量进行军屯、民屯，建筑堡寨、城池，对周边土地的开发强度不断增大，甚至将山地、坡地也纳入垦殖的范围。加之连年战争不断，陇山林木消耗殆尽。

宋（金）统治地区，设置大量州、军、寨、堡，大量屯田。在西海固境内的主要城镇有治今宁夏固原市原州区黄铎堡古城的怀德军；治今原州区的镇戎军以及位于海原县西安乡老城村的西安州。金统治时期主要的城镇有治今固原的镇戎州，下设位于固原以东的东山县；治今隆德县的德顺州，下辖今西吉县硝河古城一带和陇干县。[78]另有今泾源县（古平凉府化平县）。咸平年间（998～1003年），由于在镇戎军屯田，在六盘山东麓以及葫芦河流域出现了一些新城镇，例如六盘山以西兴建的笼竿城（陇干城），很快发展成为了"蕃汉交易，市邑富庶"之地，之后又设置陇干县（今隆德县），使得六盘山一带的土地开发与聚落营建有了新的进展。

3.4.1　"城—寨—堡"的军政体系

宋、金时期，随着农牧业的发展，人口增长很快。据不完全统计，北宋初年，原州仅6000多户，过了100年，到宋元丰三年（1080年）增至22000多户，宁南总户数达31000多户，金元光二年（1223年）又达43000多户。[79]宋朝在原州等地屯垦开荒，大建堡寨。北宋时，由于西海固地区处于"极边"，北宋政府对于当地的镇戎、德顺、环庆等地区实行关—堡—寨—城—军的由低到高的军事体制。城、寨、堡的规模，一般以城最大，寨次之，堡又次之，关的数量很少。"其堡寨城围，务必（备）要占尽地势，以为永固，其非九百步之寨，二百步之堡所能包尽地势处，则随宜增展。亦有四面崖险，可以胺削为城。"城寨堡内设有营房、廨舍、仓库、炮台、草场、散楼子等。千步以上的大寨还配有专门供给防守器具的城堡一座（图3.9、图3.10）。

图 3.9　固原城墙靖朔门

图 3.10　固原黄铎堡古城

图 3.11　天都山石窟

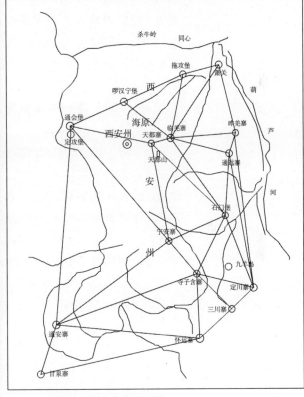

图 3.12　宋代海原堡寨防御关系图

　　宋代西海固地区成为防御西夏用兵的前沿，苑马牧监制度被废除，取而代之以大规模军屯，建制州、军、寨、堡，大量开垦沿边土地，一定程度上促进了农业定居聚落的广泛分布。此时，清水河流域已成为集聚移民的屯垦基地，约有军屯兵士 3 万余，民屯 4000 余户。[80]

3.4.2　军事堡寨聚落成熟

　　西夏时期，以今海原县城为中心的天都山（图 3.11）地区为西夏重要的军事指挥中心，李元昊称帝后，更加重视对天都山地区的经营，建立南牟会城，戍守兵丁达数万人。宋元符元年（1098 年），梁太后亲率 40 万大军攻占天都山地区。宋以南牟会新城建西安州（今海原西安乡），隶属秦凤路，领荡羌、通会、天都、横岭、定戎等六堡寨，西安州驻宋兵 7000 余人，天都、临羌两寨守兵各 3000 人。

章楶在元符元年（1098 年）回顾道："窃观李继和筑寨置堡，其意概可参证，三川、定川两寨，相去才十八里，而山外堡寨处处相望，地里至近，西贼尚或寇掠，然不能为大患，捍蔽坚全，至今蒙利。"寨堡与寨堡之间的距离大致由十数里至数十里不等。堡寨之间，辅建烽燧。[81]

当时，军、城、寨、堡、关星罗棋布，林立于西海固境内（图 3.12）。根据军事防御功能的要求，堡寨一般都建在形势之地，"选择形势要害，堪作守御寨基去处"。作为一个防御区域，寨、堡分布密度甚高，为了增强堡寨之间的联络能力和综合抵御能力，常常以几个城、堡、寨构成几何形的联防堡寨群。[82]这一时期西海固地区的聚落建设开始显现出真正的军事防御特征，聚落的主要形态表现为堡寨。堡寨就是为保护屯田经济和便于驻军防守而设。

3.5 元、明、清时期的聚落

元、明、清时期宁夏南部地区依然以军屯牧业为主要生产方式，但是开发强度比隋唐时期减弱了。元代，西海固的多数地区聚居着蒙古族游牧民，六盘山地区的森林资源有所恢复。至元八年（1271 年），忽必烈正式建国为元，次年封皇子忙哥剌为安西王，在六盘山设安西王府。《元史·地理志》载："安西王分守西土，即立开成路。"开成路"当冲要者"，所以为上路。在设开成路的同时，设立开成府（图 3.13），领开成（今开城乡）、广安（彭阳）两县。

图 3.13 明朝开成府城门（根据：《固原市志》插图清绘）

13世纪前半叶，有大批中亚和西亚的居民（伊斯兰教徒）迁入中国，成为元代色目人的一部分，称为回回。回族的一部分从元朝起就定居于固原。据《多桑蒙古史》记载，忽必烈之孙阿难答因幼年受伊斯兰教徒的抚养而皈依伊斯兰教，并且传教于唐兀之地（即西夏故地，以前统治这里的西夏党项族是信奉佛教的），阿难答所统辖的15万士兵中，信奉伊斯兰教的居大半。由于伊斯兰教的传播，西海固地区回族人口大增，形成了"坊"这种独特回族聚居空间形态。

3.5.1　屯堡聚落——点的集中

明代陆续设置"九边"重镇，固原位列其一。固原地区为"土达"、回回等各族人口聚居。据嘉靖年间的《宁夏新志》和《固原州志》统计（表3.3），可得知当时固原州有8257户、52921人（不包括驻军），每户平均人口数为6.41人，其中，原州区每户平均人口达10.2人，由人口规模可推断当时固原地区居民生活稳定。

明代宁夏地区南部人口分布表　　　　　　表3.3

	天顺五年（1461年）		嘉靖二十一年（1542年）			
	里数	估计户数	户数	口数	占合计口数%	每户平均口数
宁夏南部合计	18	1890	8257	52921	100	6.4
固原州	9	990	2366	24111	45.6	10.2
固原州军卫			2112	4981	9.4	2.4
隆德县	5	550	1942	13843	26.2	7.1
镇戎所			650	5780	10.9	8.9
西安州所			480	720	1.3	1.5
平虏所			707	3486	6.6	4.9
华亭县（半数）	4	440				

资料来源：陈明述. 宁夏历史人口状况. 贺兰集[M]. 银川：宁夏人民出版社，1994：37.

明洪武九年立宁夏卫"徙五方之人实之"❶，开始大规模的屯田。同时又行屯堡之制，民屯的基本组织是屯，每屯100户，洪武初年已实行屯堡之制。至永乐初年，基于屯田的屯堡之制得以完善，若干小屯堡合并为较大的屯堡，"（永乐）初，上命边将置屯堡为守备计，每小屯五七所或四五所。择近便地筑一大堡，环以土城，高七八尺或一二丈，城门八；围以壕堑，阔一丈或四五尺，深与阔等，聚各屯粮刍于内。其小屯量存日引用粮食，有警则人畜尽入大堡，并力固守。"❷至此，军事化的屯堡之制在宁夏开始推行（图3.14）。

---

❶ 《嘉靖宁夏新志》卷一《宁夏总镇. 建置沿革》，第8页
❷ 《永乐实录》卷九十三

图 3.14 远眺堡寨建筑

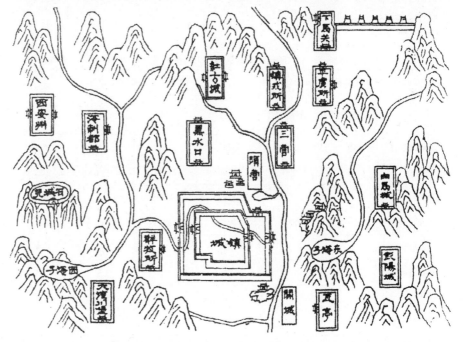

图 3.15 明嘉靖间固原部分卫所与属城分布图（引自:（明）杨经.嘉靖固原州志.银川:宁夏人民出版社,1985.）

明代中期宁夏地区各阶段的战争次数和堡寨建筑数量关系表　　表 3.4

时期	统治年数	战争次数	堡寨数量
正统	14	2	8
景泰	8	3	1
天顺	8	6	1
成化	23	12	6
弘治	18	8	7
正德	16	4	4
嘉靖	45	14	9

资料来源:战争次数根据《明史》卷七十九《兵志》和《明通鉴》统计得出。表格引自:冯晓多.宁夏地区明代城镇地理研究 [D].陕西师范大学硕士学位论文,2007:20.

"宁夏多屯所，虏寇至恐各屯先受掠，故可于四五屯内择一屯有水草者，四周浚濠，广丈五尺，深则广之半；筑土城约高二丈，开八门以便出入，旁边周围四五屯辎重粮草皆集于此。无警则各居本屯耕作，有警则驱牛羊从土门入土城固守，以待援兵，则寇无所掠。"[83]明中叶，边防稳定，因此鼓励农民垦荒，并向偏僻地区移民直至明末。根据表3.4统计的明代中期宁夏地区各阶段的战争次数和堡寨建筑数量关系，可以看出随着战争数量的增加堡寨建筑的建设量逐年增加。今天的城市、乡镇、乡村聚落体系的布局格局仍然受到当时堡寨聚落分布的影响，那个时期的城、寨、堡、关等名称直到今天还在使用。

由于当时军事屯田、屯堡大兴土木，根据明嘉靖时期固原部分卫所与属城的分布图可以看出（图3.15），当时固原周边卫所林立，不大的区域内集中了大量人口，使得当地森林破坏严重，水土流失严重。明弘治十四年（1501年），根据都察院左副都御史督理陕西马政的杨一清的奏折："况各苑地方（设在固原的牧马监苑），木植难得，土人以窑洞为家，乃其素习。"可见当时的民居仍旧以窑洞为主。

明清时期，系统建立的地方堡寨及其民堡化和村落化奠定了宁夏近现代村落体系和分布格局的基础。陈明猷认为："宁夏北部人口在明代最初10年里有过全出全进的大更新。洪武三年至五年（1370～1372年），明朝将宁夏境内全部居民迁往关中，一度使宁夏府、灵州和鸣沙州等城成为空城。而在五六年之后又大量迁进新的居民，大兴屯垦，军事卫所星罗棋布，从而奠定了宁夏近现代人口聚落的布局。"[84]军事堡寨在这一时期开始了民堡化的进程，大量的军事化的堡、寨、关、城等都逐渐转为城镇或村落，堡寨这种居住方式被当地的百姓所逐渐接受，加之社会动荡，为了躲避战乱、土匪等，村落常常在形势险要之处设置。民用堡寨一般平面呈长方形或正方形，四周设置高大的围墙，一种是占地面积较小，内部仅有少量辅助建筑或者仓储空间；另一种是占地面积大，设置高大的寨门，堡寨内部则设置了公共建筑、民用建筑、宗教建筑等，形成了完备的生活、生产、防御甚至战争体系。

3.5.2 散居村落——面的扩散

清朝，在西海固地区移民充实边疆，借用土地来供养移民。同时，将大量汉族人口迁移至此，充实当地乡土聚落，耕耘明代遗留的耕地。此时，社会安定，不必躲避战乱和土匪的骚扰，百姓从堡寨中搬出来，为了方便农作，都居住在耕地周围。当地长期以来具有军事特征的农业生产性质逐渐消失了，土地开垦速度极快，优势耕地基本已经开垦殆尽，这时清政府下令："凡边省、内地、零星地上可以开垦者，悉听本地夷垦种，免其升科。"❶ 即：凡是边疆省份、

---

❶ 《清实录》

内地省份，哪怕是零星的土地都可以垦殖，还可以免税。于是，当地百姓将农业垦殖区域由清水河、葫芦河、祖厉河等耕地、水源等耕种条件好的地区向耕地稀少、不适于居住的地区转移。至此，西海固地区的乡村聚落第一次不以战争、军事防御等原因布局，使得土地开发、农业生产成为了聚落分布格局的重要决定因素。

在南部黄土丘陵地区，清朝将明代的藩王牧地全部招民开垦。河谷川道、山间盆地以至浅山缓坡的草场、林地不断被垦殖，牧业逐渐为种植业所取代，从而打破了唐代奠定的"南牧"格局[85]，这里天寒土薄，人口稀少，只能以广种薄收的方式粗放经营旱作农业，以至一家种各数十百亩，其"四乡中有十余家为一村者，有三五家为一村者，甚至一家一村而彼此相隔数里、十里不等者"❶。其时畜牧仍为重要副业，尤以羊牛马为多，如海城县"羊皮之佳者不让宁夏滩皮"，"以羊毛制毡，织口袋、袜子、捎连等件"。❷基本可以推断：这一时期的聚落规模有大有小，大的十余家为一村，小的甚至一家为一村，聚落规模可以由统计数据推断（表3.5），清代乡村聚落以"庄"为单位，每庄户数由十几户至上百户不等。每户人数少则4人，多则15人不等。形成如此规模和分布特征的主要原因应该是贫瘠的土地（旱作农业区），广种薄收，当地百姓只能"就耕地而居"。

清宣统元年（1909年）宁夏南部各州县户口一览表   表3.5

州县名	户数	人口数	每户平均人口数
固原州	14912	98737	6.6
硝河城	962	5131	5.3
海城县	6930	42334	6.1
化平厅	3176	16612	5.2
隆德县	7476	41872	5.6
平远县	3659	19659	5.4

资料来源：《宁夏通史·古代卷》第328页，本表格引自：张维慎. 宁夏农牧业发展与环境变迁研究 [D]. 陕西师范大学博士论文，2002：133.

清代，西海固地区的乡村聚落组织结构和地域分布也出现了两个新的特点：①从人口组成上看是驻军人数大减，同时家庭人口结构也趋向合理，如明代因驻军较多，户均人口不足2人，到了清代，户均人口大多数超过5人；②聚落分布已由明代点的集中转为清代面的扩散，人口开始由明代的城、堡、寨中扩散至较为分散的乡村聚落，这说明西海固地区的聚落分布已由古代的边防据点型，转变为清代的农村分散型。

---

❶ 咸丰《固原州宪纲事宜册》、《海城厅志》、《海城县志》、宣统《新修固原直隶州志》
❷ 《海城厅志》、《海城县志》

3.5.3　回族聚居区的形成与重构

西海固地区回族聚落的产生、分布格局以及空间形态的结构演化，既受到生态、自然环境的变化的影响，同时也是政治环境变化的产物。回族聚落分布格局以"大分散，小集中"，"大分散，大集中"为基本特征。[86]

元、明时期，回族聚落沿河谷川道布局，空间结构表现为相对集中的点状格局。早期的回族和汉族及其他少数民族杂居、混居，聚落布局显现出传统汉族乡村聚落的特征。回族乡村聚落形态在平原、川地、较大的盆地中基本是大量人口聚落的状态，即"大集中"，而在空间比较局促的川道、河谷、山间等地区，则呈线状、串珠分布态势。

明、清两代西海固地区的回族聚落得到了较快的发展，由北向南数量逐渐增多，聚落个体也逐渐发展壮大。回族聚落的总体分布格局为"大分散、小聚集"、"大分散、大聚集"的特征。"大分散"是指西海固大的区域内回族聚落的分布状态。导致这种分布特征的原因有二：一是当地的地形地貌特征决定的，西海固地处黄土高原的丘陵沟壑区，地形起伏较大，聚落选址十分困难，直接导致平面上聚落的大分散格局；二是各民族之间、种族之间长期斗争、博弈的结果，最终达成平衡后对空间资源划定的归属范围。"小聚集"通常与地形地貌相关联，聚落的聚集人口较少，依托于沟壑、小型川道、小型盆地等小型村落。"大聚集"则是在某一区域内由多个小型村落形成的同一族群的共同居住地。例如西海固地区北部的同心县、海原县均有人口超过10万人的集中连片回族聚居区，而南部泾源县曾经出现过回族人口占全县人口超过90%的比例，其他地区则呈现出大范围内回汉混居、小的自然村则形成回族聚居区的特征。

清前期，西北地区已经成为回族主要的聚居区，同治年间则是回族大量进入西海固地区的历史转折时期。《固原县志》载，清乾隆中（1736～1795年）官文书城：东西"固原至靖远四百余里"，南北"平凉至宁夏千余里"，"回汉杂处"。咸丰中，境内"汉七回三"。[87] 1862～1873年间，发生在陕西、甘肃（包括今宁夏回族自治区和青海省部分地区）两省的回族抗争暴动，史称陕甘回民起义，又称"同治陕甘回变、同治回乱、陕甘回变、陕甘回乱、回回乱"等。

这场动乱极大地改变了陕甘两省的民族分布。在战争中，回汉两族在陕西、甘肃两省互相仇杀。陕西人口在战乱中损失达622万，甘肃（此时的甘肃包括今宁夏回族自治区和青海省西宁市海东地区）人口损失达1455.5万，陕甘合计约2000万，其中汉族损失人口约1300万，回民损失人口约700万（"回民"还包括信仰伊斯兰教的其他少数民族，如撒拉族、东乡族等）。陕西的回民只有居住在西安的两万多人存留。

清代回族起义被镇压之后，宁夏地区回族人口的居住格局发生了较为显著的变化。至此，沿黄河两岸的交通干线、冲积平原地带呈带状分布的回族街巷社区和村落社区大部被迁往荒凉的滩边、湖边、河边和渠梢、沟梢及山沟谷地，由此形成"三边两梢一山"的社区分布格局。[88]"三边"指滩边、湖边和河边；"两梢"指渠梢和沟梢；"一山"指南部山区。这一时期的回族人口大规模迁徙，使得宁夏境内沿黄河两岸交通干线及平原地带呈带状分布的回族聚落消失，形成了以西海固为中心的陇东、宁南山区回族聚居区。西海固地区回族聚落则呈现"大集中"的分布格局。

3.6 西海固地区乡村聚落演变特征

不同时期乡村聚落的演变，总是建立在地区人类利用和改造地理环境的基础之上。不同时期地理环境、社会军事环境、宗教人文以及政策因素可能都会有不同的耦合方式。地理环境是聚落形成和发展的基础。社会、军事、文化环境往往对聚落空间形态产生决定性作用。

"房屋是地理环境的表现。应当把这个环境理解为自然和人文影响的整体，它能决定农民采取这种或那种住房。"[89]西海固地区人类历史时期的居住形式当然也是自然、气候、生态环境和人文、社会、政治、军事等因素共同作用的结果。通过上述对历史时期西海固地区聚落的发展演变历程的研究可以看出该地区聚落演进有着受自然环境、军事防御、移民文化以及人文宗教影响下的演变特征。

3.6.1 城—寨—堡体系下的聚落分布格局

人类从史前开始就在聚落外围设置防御设施进行自然防御，随着部族的不断发展，为了抵抗氏族部落间的对立，进攻逐渐转为社会防御。防御设施也从最早抵御洪水猛兽的壕沟、栅垣逐渐发展为高墙、深堑、宽壕环绕的城、寨、堡。

宁夏地区自秦汉至明清，为历代边远州郡属地，亦为历代各民族角逐的征战场所，故自秦汉以来战争频繁，堡寨成为宁夏地区古代军事工程。历代王朝都很重视城池、堡寨的修筑。堡寨聚落选址一般在不宜耕种的土地上，目的是依险而居，而其真正作用在于争夺边境地区的人口和土地资源，并满足军队后勤补给的需要。所以有研究表明，城、堡寨的功能除了防御、安民外，还有屯田、护耕、交通等重要作用。

西海固地区的城—寨—堡是北宋边防体系的重要组成部分，在御敌、安民等方面均有积极的作用。大量城—寨—堡随着功能的完善，使当地经济得到不同程度的发展，逐步具备了设立州、县、集镇的基础。因此，当地城、寨、堡体系的发展完善，在非战争时期成了西海固地区城市、乡镇、村落体系的布局基础。

3.6.2 移民迁徙、宗教文化影响下的回族聚落空间格局

川道、河谷地的逐渐萎缩，森林、草原等植被的减少，黄土梁、土峁也

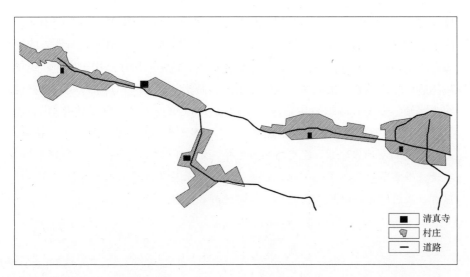

图 3.16　泾源县回族聚落区域分布示意图

不得不被垦殖，生态环境进一步的恶化，迫使西海固地区回族乡村聚落逐步向台地、坡面迁移，由于台地、坡地面积有限，以户为单位的单体院落开始趋向分散布局，聚落日趋结构松散，然而，回族乡村聚落的空间结构的集聚转化，导致宗教文化的约束与宗教活动的限定对聚落的空间结构的变化起着决定性作用，而与回族群体排异性和聚集力的加强、社会政治环境的改变相关联。

　　清同治年间（1862 ~ 1873 年）的陕甘宁回民大起义失败后，大量陕甘及宁夏北部川区回民被迫移民至西海固地区。在当地，回族自发地实行同族聚居，聚落群空间格局呈现明显的居住分异。聚落层面空间则呈现以清真寺为中心展开的扇形布局，道路结构也以清真寺为重要节点呈辐射状向居住单元展开，聚落发展方向为东、南、北三个方向，体现出中国伊斯兰教"以西为贵"的文化特征（图 3.16）。

3.6.3　回应自然资源的乡村聚落营建

　　根据多处已经发掘的新石器时期遗址，可以断定西海固地区原始人类房屋的基本类型为窑洞式、半地穴式、夯土墙体房屋。之后的几千年，这里的民居体系一直以生土作为最主要的建筑材料，始终未变。

　　西周至秦汉时期曾经出现过短时间的"板屋"民居，隋、唐、宋时期则以堡寨最为盛行。元代，西海固地区气候变化频率加大，气候干旱少雨，灾害频发，导致当地生态环境逐渐恶化。森林、草原植被退化，土地荒漠化，出现了严重的土地沙化。"乾隆二十五年（1760 年）秋七月，始于适中之恩棘段，因旧筑土垣，为设市集，以便民交易焉。"❶黄河以南香山一带，"民资水草牧耕，多因山崖筑室，或掏穴以居。旧有七十二水头，分东西八旗。今生齿渐繁，

---

❶《道光·中卫县志》卷二《建置考·堡寨》

皆成村落。" ❶ 清代，宁夏地区北部以平顶土屋为主要民居形式，由北向南随着
降雨量的增加，屋顶也由平顶向一面坡、两流水逐渐变化。城、镇有钱人的屋
顶有装饰华丽的覆瓦，贫困百姓多建土坯房或者挖窑洞居住。用土作为建筑材
料建造房屋，或者垒砌墙体：通常先用木条做筐，将土倒入其中压实，再打桩
使之坚硬，夯土成墙垣。屋顶也用土敷设，"平坦如广场，少数作舟形"。清
《宁夏纪要》中对当地民居的描述如下："以黄土性黏，层层相因，颇为坚厚，
无雨雪侵漏及冲毁之虞，色几与地面无异，人畜可以在上行走，并可曝晒衣服、
谷麦，堆集草秆杂物等……此种房屋，自墙垣至屋顶几莫不用土，仅少数梁柱
用木，及门牖窗棂略见木条而已，实为纯粹之土屋。" ❷

---

❶ 《道光·中卫县志》卷二《建置考·堡寨》
❷ 《宁夏纪要》

第4章 自然环境、资源制约下的传统聚落营建

《中华人民共和国环境保护法》中对于"环境"的定义是："影响人类生存和发展的各种天然的和经过人工改造的自然因素的总体，包括大气、水、海洋、土地、矿藏、森林、草原、野生动物、自然遗迹、人文遗迹、自然保护区、风景名胜区、城市和乡村等。"[90]论文中的"自然环境"则重点研究与人类聚落营建相关的主要因素，包括地形地貌、气候以及与地区聚落营建关系密切的自然资源，包括水资源、土地资源和建材资源。

本章对西海固地区的自然环境变迁、现状、地形地貌、气候、物产资源等方面与回族聚落营建的关系进行深入探讨。自然环境、气候特征以及物产资源是聚落生成的天然土壤，聚落的营建以及乡土建筑的面貌是对这三者的反映。

4.1 西海固自然环境概述

4.1.1 地形地貌

西海固地处中国地质地貌南北向界限北段，黄土高原的西北边缘，地势是由第一阶梯向第二阶梯的转折过渡，境内海拔大部分在 1500 ～ 2200m 之间，由于受河水切割、冲击，形成了丘陵起伏、沟壑纵横，山多川少，塬、梁、峁、壕交错的地貌特征。境内同心县北部属山地与山间平原区，东北盐池县的中、北部为鄂尔多斯高原的一部分，现为天然草场；中部为黄土高原丘陵沟壑区，包括固原、彭阳、西吉以及海原、同心、隆德、盐池县的一部分，地区海拔在2000m 左右；南部为六盘山地，包括泾源县以及隆德、彭阳县的一部分。地貌类型按成因可分为三大类，即构造山地、堆积侵蚀黄土丘陵和堆积河（沟）谷地貌。主要山脉有六盘山、罗山、月亮山、青龙山、云雾山等。六盘山呈南北走向，为境内最大、最高山脉，主峰美高山海拔 2942m。

4.1.2 气候

西海固地区位于我国西北内陆区，宁夏回族自治区南部，在我国的气候区划中，原州区、彭阳、隆德、泾源等县属中温带半湿润区，固原以北的同心、盐池属中温带半干旱区，位于中部的西吉县则属于温带大陆性气候。地区整体的气候特征为：北部地区降雨量较少、蒸发量大、风沙大、光照条件好，冬季

寒冷漫长、夏季炎热短暂，气温的年较差和日较差都大，无霜期较短且变化多，旱灾、雨雪冰雹灾害、大风沙尘暴、霜冻灾害以及局部地区短而集中的暴雨洪涝灾害频发。

西海固境内气温南低北高，降水南多北少。各县（区）气温、降水南北差异明显。地区年平均气温仅 3 ~ 8℃，极端最高气温达 39.3℃，最低气温则低至 −30℃，全年无霜期 90 ~ 100 天，年降雨量 200 ~ 700mm 之间，且大都集中在 6 ~ 9 月。年蒸发量在 1000 ~ 240mm 之间，水源极度匮乏。水土流失严重，除少量河谷川台外，大部分地方生存条件极差，且多发生地震等其他自然灾害。[91]

4.1.3 水资源

西海固南部的清水河、祖厉河、泾河、葫芦河等河流集中分布在西吉县、原州区、隆德县、泾源县以及彭阳县等区域，北部盐池县位于宁夏中部干旱带，年降水量仅 256mm，县域南部黄土高原水土流失严重，北部为鄂尔多斯缓坡丘陵。同心县所在地区属于宁夏中部干旱带，这里是我国最干旱缺水的地区之一，属于天上降水少、地面径流少、地下好水少的"三少"地区，"十年九旱、逢旱缺水"成为自然规律。

4.1.4 植被

西海固地区土地总面积 3052019.15hm^2，其中耕地 953324.55hm^2，园地 70088.6hm^2，林地 228095.96hm^2，牧草地 1362487.08hm^2。境内主要植被为天然草场、草甸草原、干草原及北部荒漠草原。宁夏 79% 的林地分布在固原市，呈现出自北向南林地面积递增的规律。北部的同心县森林覆盖率仅为 1.1%，最南端的泾源、隆德两县，其林地覆盖率则分别达到 45.7% 和 21.1%。

根据 2006 年出版的《宁夏回族自治区资源环境地图集》，对宁夏西海固七县一区的自然资源进行统计，见表 4.1。总体上看，当地地形、地貌以黄土丘陵、山地丘陵为主，兼有少量河谷平原、鄂尔多斯缓坡。对当地建筑的影响主要表现在：生态环境恶劣，森林覆盖率低。由于生土资源丰富，建筑材料种类较为单一，数量少，加之地区经济贫困、区域封闭、交通落后，建筑多采用生土等天然材料。木材仅用在民居最主要的结构部位，或者清真寺、拱北、道堂等重要宗教建筑中。

西海固地区自然资源环境统计表（《宁夏回族自治区资源环境地图集》）　　　　　表 4.1

资源类型＼县名	同心县	海原县	原州区	隆德县	彭阳县	泾源县	西吉县	盐池县
地形地貌类型	黄土丘陵、山地丘陵、清水河谷平原、韦州平原、山地	兴仁平原、黄土丘陵、清水河河谷平原、山地	山地、清水河河谷平原、黄土丘陵	山地、黄土丘陵、河谷川地	黄土丘陵占90%，河谷川地占4.3%	山地、丘陵，多为河谷川地	黄土丘陵为主，占县域面积的53.08%；河谷川地、山地	北部为鄂尔多斯缓坡丘陵区，南部为黄土丘陵区

县名 资源 类型	同心县	海原县	原州区	隆德县	彭阳县	泾源县	西吉县	盐池县
气候特征	年均气温9.1℃；年降量268mm，年蒸发量934mm；年太阳总辐射6029MJ/m²	年均平均气温7.3℃；年降水量367mm，年草面蒸发量878mm；年太阳总辐射5642MJ/m²	年均气温6.4℃；年降水量435mm；年草面蒸发量771mm；年太阳总辐射量5349MJ/m²	年平均气温5.3℃；年降水量502mm，年草面蒸发量666mm；年太阳辐射总量5001MJ/m²	年平均气温8℃；年降水量443mm；年太阳辐射总量5324 MJ/m²	年平均气温5.9℃；年降水量620mm，年草面蒸发量668mm；年太阳总辐射量4835MJ/m²	年平均气温5.5℃；年降水量398mm；年草面蒸发量666mm；年太阳总辐射量5165MJ/m²	年平均气温7.8℃，年降水量273.5mm；年蒸发量2000mm，太阳总辐射量5750MJ/m²
水资源	清水河、长沙河、金鸡儿沟、折死沟、苦水河、洪沟	园子河、麻春河、贺堡河、马营河、杨明河、李俊河	石景河、清水河、冬至河、中河、苋麻河、茹河、颉河、张易河	渝河、葫芦河、什字路河、好水河、甘渭河、庄浪河、南河	红河、茹河、安家川河	泾水、香水河、沙塘河、羊槽河、盛义河、新民河、石嘴河	葫芦河、清水河、祖厉河	苦水河、盐池城西支干渠、盐环定扬水干渠
土壤	灰钙土、黑垆土、灰褐土、风沙土	灰钙土、黑垆土、灰褐土、黄绵土	黄绵土、黑垆土、潮土、盐土、山地草甸图	黑垆土、黄绵土、灰褐土	黄绵土、黑垆土、灰褐土	灰褐土	黄绵土、黑垆土、灰褐土	风沙土、灰钙土、黄绵土、黑垆土
植被	天然草场461万亩，南部为干草原，北部为荒漠草原；林地69.6万亩，以针叶林为主	天然草场337万亩，主要为干草原和荒漠草原；林地130万亩	天然草场139万亩；林地77.5万亩	天然草场13.8万亩，主要为干草原、山地草原、草甸草原；林地50.9万亩	天然草场77.5万亩，干草原为主，其余为山地草原、草甸草原；林地105万亩	天然草场26.2万亩，主要为山地草原、草甸草原；林地89.6万亩	天然草场74.7万亩，干草原为主；林地138万亩	林地130万亩，牧草地505.8万亩，森林覆盖率为11.2%
矿产资源	煤、石膏、白云岩、石灰岩	油页岩、大理岩、花岗闪长岩、石膏、黏土、白云岩、湖岩、芒硝、煤、金、铁、铜	煤、石英砂岩、黏土、芒硝	黏土、石英砂岩、石膏、泥炭、油页岩、铜	石英砂岩、建筑材料	石灰岩、白云岩、石英砂岩、泥炭、铜、铅、锌	油页岩、芒硝、石膏、泥灰岩、石英砂岩、黏土、铜	石油、煤、食盐、铜、石膏、芒硝、石灰岩、石干泥

资料来源：宁夏回族自治区发展和改革委员会.宁夏回族自治区资源环境地图集[M].北京：中国地图出版社，2006：10.

4.2 地形地貌影响下的聚落特征

4.2.1 地形地貌特征解读

地形地貌是聚落的基础，决定了聚落的基本形态。西海固地区从地貌状况和水热条件看，大体可分为三部分：①最北部同心县、盐池县是降水稀少，气候干旱的荒漠草原地带温暖干旱区和温凉半干旱区，地表广布黄土和沙地，丘陵梁峁和沙丘面积大，不利于农业生产（图4.1）；②中部西吉县、海原县、固原市原州区是我国黄土高原的一部分，地表崎岖破碎，丘陵沟壑纵横，是典型的黄土高原丘陵区（图4.2）；③最南部的彭阳、泾源、隆德处于六盘山地，海拔高，形成了阴湿低温的山地聚落群；南部是六盘山阴湿地区，热量不足，降水不稳，湿度较大，地形以山地和梁峁为主，崎岖不平，限制了对外联系和经济发展（图4.3）。

4.2.2 地形地貌与聚落空间布局特征

在各种自然环境要素当中，地形地貌条件不仅限定了区域的地面径流与水

图 4.1 北部荒漠草原区

图 4.2 中部黄土高原丘陵沟壑区

图 4.3 南部六盘山山地

的运动方向，还对太阳辐射、水热条件等在局部地段的再分配起着决定性的作用。因此，在一定程度上，地形地貌条件构成了聚落以及区域发展的最基础条件，深刻影响着聚落的空间格局，如平原地区、山地、丘陵区往往表现出不同的聚落布局结构。

西海固最北部的同心、盐池地区是宁夏回族自治区水土资源组合最差的干旱半干旱区，生产方式以牧业为主、农业为辅，社会经济多年停滞不前，城乡之间经济和社会联系很薄弱。[92]受干旱区地形、地貌及气候影响，区域内土地贫瘠、沙化，水土流失较为严重，耕地生产能力低，土地及环境承载力低下，由于土地广种薄收，一户往往有上百亩旱地，为了便于耕作，由劳作半径限定，当地百姓多数就地（耕地）而居，故聚落零落、分散。户与户之间联系不紧密，信息传递不畅，交通十分困难，导致聚落发展缓慢，基本属于国内乡村聚落体系发展的最低阶段，特征如下：①乡村聚落规模极小，有的甚至只有一两户人家，经济基础十分薄弱，尚未形成一定的集聚规模优势；②聚落分布松散，呈点状发展；③聚落的空间分布表现出明显的牧业经济特征，聚落之间距离远，空间联系弱。

地形地貌的特殊性对乡村聚落的分布限制极大，西海固地区中部、南部属丘陵沟壑区以及六盘山地，其乡村聚落特征体现着当地地形地貌的回应：①聚落规模较小，乡村聚落选址局促，一般坐落在山坡上，将位置较好的、便于灌溉的平坦土地留作耕地；②区域内乡村聚落的形成严格受制于河谷、山地所形成的交通、道路的基础设施的走向，住宅选择一般背风向阳，整体沿等高线平行或垂直布局，建筑朝向也因地形原因多变而没有统一朝向；③聚落的空间分布不均匀，与河流的分布特征相近，表现为枝状特征。其余聚落则分散于河谷川道与山前盆地之中。空间特征表现为：平原地区——分布密集，成串珠状；台地——散点状；河谷地区——枝状。

4.2.3 地形地貌与聚落类型及特征

西海固地区的居住形态是由其千沟万壑的塬、梁、峁、沟等地形地貌所演化而来的乡村聚落的地域类型。原来的平原、川地上的较大规模的聚落发展缓慢，小型聚落则星罗棋布，整体分布格局由集中式向分散式演化。西海固地区聚落按照所处地形、地貌特征可分为平川型、坡地型、半川半坡型和河谷型四种类型。

1. 平川型（图 4.4）

平川型聚落的主要特征是选址于平原、川区，或较大的盆地、塬地中，由于地势平坦，便于聚落的扩展，故聚落规模一般比较大。聚落平面形状近似于矩形、多边形或圆形，此类聚落多由早期定居者在住房的周边不断拓展形成，道路外部交通便捷，内部则复杂多样、纵横交错，院落呈平行或从聚落中心向外发散排列状，回族聚落的中心往往位于村西北的清真寺、拱北或道堂。如同心县王团镇北村、南村体现出了集居型聚落特征，人口较集中，房屋布局较为紧凑，朝向相对统一。此类聚落在西海固北部的盐池县、同心县以及固原原州区境内较为多见（图 4.5）。

2. 坡地型（图 4.6）

坡地型聚落往往规模较之平川型聚落要小很多，聚落的主要特征是选址于山坡之上，将较为平坦，交通、取水便利的土地留给耕地。由于选址的原因，聚落形状与布局往往沿着山坡的走向，一般为沿山体等高线方向布局和垂直于等高线两种。以山体的坡度而定，聚落形态或呈扇面展开，或呈不规则几何形；聚落内部结构垂直空间变化明显，层级关系多为梯度状排列。回族聚落的清真寺、拱北或道堂等重要宗教建筑一般位于交通便利的平坦地中心区。由于地形原因，聚落的空间拓展较为困难，常常沿等高线呈散点状展开。这类聚落在西吉、海原地区分布很广（图 4.7）。

3. 半川半坡型（图 4.8）

半川半坡型聚落，推测早期应选址于川地区域，早期居住的人们修建住房，背山面川，利于出行耕作，又便于躲避土匪侵扰。随着人口的不断增长，聚落规模不断增加，川地空间日渐狭小，为保留耕地，人们只好将住宅沿着坡面建设，有靠崖窑洞式房屋，层层递增逐渐形成现在的半川半坡型居住形态。聚落的外部形态常常沿着川道呈线性，内部结构一般为上下错落多层级，回族聚落的清真寺、拱北、道堂等宗教建筑则建于平川地（图 4.9）。

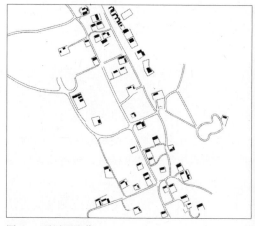

图 4.4　平川型聚落

图 4.5　同心县平川型聚落

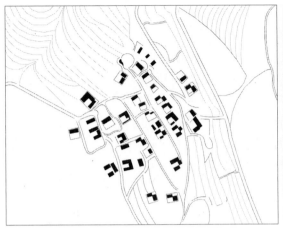

图 4.6 坡地型聚落

图 4.7 西吉坡地型聚落

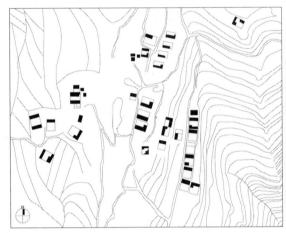

图 4.8 半川半坡型聚落

图 4.9 海原半川半坡型聚落

4. 河谷川道型（图 4.10）

河谷川道型聚落由于受空间狭窄的限制多为原始聚落，规模很小。聚落外部形态多为散点状、串珠状及带状，内部结构则散乱无序。聚落发展常常以点为中心，向四周呈不对称状发展，逐渐发展成较大的村落。回族聚落的清真寺、道堂、拱北等宗教建筑往往位于可达性较好的区域（图 4.11）。

4.3 气候影响下的聚落营建

气候影响聚落的营建，只有能够适应地区气候的聚落才能创造出良好的人居环境。气候对于乡村聚落形态、空间及乡土建筑空间、形态的形成有着重要的影响，地区气候的适宜与否直接决定着建筑形态、建筑材料、构造技术、结构选型等乡土建筑建造选择的自由度，同时对于聚落营建的限制也更多。西海固地区的传统聚落经过长期的自然选择与不断改进，积累了大量应对气候的经验与方法，值得我们去探研。

图 4.10　河谷川道型聚落　　　　　　　　　　　　　图 4.11　固原河谷川道型聚落

4.3.1　降雨与屋顶形态

西海固地区平均降水量北少南多，差异明显。海原县北部和同心县、盐池县一带年均降水量仅 200mm 左右，地区内风力强，蒸发量大，干燥度在 1.5 ～ 3.0 之间。南部固原、隆德、彭阳、泾源县等地年均降水量达 400mm 以上，地处六盘山区的泾源县年均降水量则可达 600mm。境内年降水具有较为显著的季节性、集中性特征，分配极不均匀。主要表现为：夏季最多、秋季次之、冬春最少。夏季是降水次数最多、降水量最大的季节，约占年降水量 50% 以上，同时也是短时间内局部地区洪涝灾害频发的季节；冬季降水量全年最小，约占全年降水量的 3%[93]；秋季降水量占年降水量的 16% ～ 23%；春季降水占全年降水量的 12% ～ 21%。

1. 降雨对聚落的影响

聚落是不同地区的人们对特定生存环境的共识与回应，它体现了人、建筑、气候、环境之间高度的协调统一。根据当地降雨量的增减，西海固地区建筑屋顶由北到南坡度和形式均不断变化，形成了独特的建筑风格——由平屋顶、单坡顶到双坡顶的民居（图 4.12）。西海固地区土坯房包括平顶房和坡顶房两种大的类型，四种小类型（表 4.2）。平顶房（主要是无瓦平顶房）大多分布在降雨量小于 300mm 的范围内，由于雨量较小，平屋顶坡度仅为 0° ～ 5°，采用无组织排水。土坯坡屋顶瓦房则主要分布在 400 ～ 600mm 降雨量范围内，其中单坡顶土坯房（屋顶坡度在 15° ～ 17° 之间）则分布在 300 ～ 400mm 降雨量范围内，双坡土坯房（屋顶坡度在 17° ～ 20° 之间和 23° ～ 25° 之间）则分布在大于 600mm 的降雨量范围内。

西海固地区屋顶形式、降雨量及分布区域的对应关系　　　　　　表 4.2

屋顶形式	降雨量范围	分布区域
无瓦平屋顶	≤ 300mm	同心县清水河流域及其以北地区
单坡屋面	300 ～ 400mm	海原县、西吉县
单、双坡混合屋面	400 ～ 600mm	固原市原州区、彭阳县、隆德县
双坡屋顶	≥ 600mm	泾源县、六盘山一带

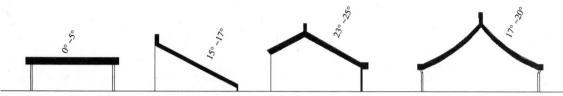

图 4.12　西海固地区回族民居屋顶坡度示意图

2. 屋顶形态对聚落的影响

1）平屋顶

西海固地区民居屋顶坡度与所处地域的关系是北部为平屋顶，中部地区为平屋顶（图 4.13、图 4.14）和坡屋顶混合区，屋顶坡度基本是按照降雨量的变化而变化的，主要表现为降雨量越大，屋顶坡度越陡，反之亦然。

平屋顶除了节约木材、经济适用的优点外，更为重要的是能够让屋顶空间得到二次利用，有效地拓展了建筑的使用空间。例如在西海固的北部地区海原县、同心县以北的区域，屋顶在丰收的季节可以作为晾晒粮食的好去处，由于屋顶平坦，又没有外界干扰，于是成为了各家各户最好的晾晒场，夏末秋初，各个屋顶上红的枸杞、辣椒，绿的萝卜干、黄瓜条，黄的玉米粒，黑的茄子干等，构成一幅丰收图景，无形中节约了场院空间。在天气炎热的夏天夜里，屋内闷热难耐，农户们常常将被褥搬到房顶纳凉，将卧室功能拓展至屋顶。

图 4.13　平屋顶民居

图 4.14　平屋顶院落剖
面图

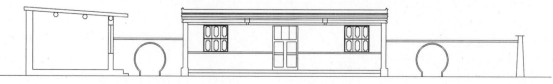

图 4.15　平屋顶土坯房组图

　　最为简单的做法是不用柱子、梁和檩，在土坯墙上直接安椽，椽上布板或苇席，然后用草泥墁成平顶，待干后再抹层灰土，有的在这层灰土上墁上石灰，打压光平。有些比较讲究的家庭，在屋顶上铺砌方砖，大多是沿出挑檐口或屋顶边沿压两到三层砖做女儿墙，用挡板封檐口（图 4.15）。

　　2）单坡屋顶

　　单坡屋顶是指民居建筑仅有单面坡度，这种屋顶形式分为有瓦屋顶和无瓦屋顶（草泥抹顶，坡度较小，分布在干旱区）两种类型，主要分布在降雨量为300 ~ 400mm 的区域内，包括海原县、西吉县以及同心县南部区域。西海固地区的单坡顶房屋由于进深较小，主要用于厨房、厢房、杂物房等辅助建筑。通常有两种做法：一是房屋的后墙依附于院墙或者其他房屋的墙体上；二是房屋的后墙独立设置，屋脊后面会有一段较小的屋檐（不包括隆德县汉族民居）。这种单坡屋顶的做法较节省木料，屋顶坡向院落内部，利于排水和收集雨水。西海固地区回族和汉族的单坡顶房屋区别较大：汉族的单坡顶房屋主要分布在隆德县，三合院建筑中正房一般为双坡屋顶形式，东、西厢房则为单坡顶形式，并且坡度较大，常常接近 45°（图 4.16）；而当地的回族单坡顶民居则多数为正房所使用，同时坡度较缓，一般不超过 20°（图 4.17）。这一陡一缓将汉、回民居区分得十分明显。

　　3）双坡屋顶（图 4.18、图 4.19）

　　西海固地区的双坡屋顶民居早期基本分布在降雨量在 500 ~ 600mm 以及600mm 以上的区域。近些年，由于经济情况好转，加之交通便利和信息传递的通畅，使得双坡顶房屋成为比较时髦的民居样式，因此不论降雨量的多少，

图 4.16　汉族单坡屋顶民居

图 4.17　回族单坡屋顶民居

海原民居　　　　　　　　　　　　　隆德民居

图 4.18　汉族双坡屋顶聚落

同心民居　　　　　　　　　　　　　西吉民居

图 4.19　回族双坡屋顶

　　只要经济条件允许，新建民居绝大多数是双坡屋顶，包括同心县、盐池县等干旱地区。双坡屋顶的民居以硬山式为主，屋面有前后两坡相交，山墙位置屋顶形态呈人字形，覆瓦屋面，房屋前屋檐出挑较大，一般约 600mm，坡度在 17°～25° 之间。当地的土坯房，无论平屋顶还是坡屋顶，通常采用硬山搁檩木屋架，俗称"滚木房"，这种屋顶的做法是直接在山墙上搁置檩，檩上直接架椽，椽上铺薄板，或内衬苇席，上压青瓦或红色机瓦。当地的正房、高房子和汉族民居的大门屋顶常用此形式。

4.3.2 气温与民居保温

1. 气温时空分布特征

宁夏大部分地区的海拔高度在1000m以上，年平均温度为4～9℃（不包括高山），同心以北地区为8～9℃，固原地区为4～9℃。宁夏境内由于受到南高北低、贺兰山屏障作用以及其他诸如纬度、地貌等因素的综合影响，温度分布比较复杂，有以下特征：

1）南凉北暖，年平均温度分布呈"一脊两坡"状态

从年平均温度看，灌区温度高于山区，按地理变化来说，呈"一脊两坡"状，即：以中宁为高温中心区（9.2℃），向东、西、北部为平原地区，向东为盐池、向西为中卫、向北为石嘴山，基本呈现递降的趋势；而向山区，则由中宁向西南到兴仁，向东南到韦州及麻黄山，向南到海原、固原、隆德、泾源一带，也基本呈现递降的趋势。

2）冬季南温北寒，夏季北热南凉

从整个冬季气温来看，宁夏冬季以海原为暖中心，而固原、泾源等大部分山区的气温都较之川区为高，分布型与年总趋势正好相反。

3）极端气温及日较差

宁夏最高气温极端值北部高于南部，而最低气温极端值南部高于北部。例如灵武（北部）曾出现过41.4℃的极端最高气温值；银川、兴仁都曾出现过-30℃以下的极端最低气温值。

因此，西海固地区冬季的严寒以及日较差大是聚落营造的重要影响因素。

2. 聚落保温

1）选址背阴向阳（图4.20）

村落选址一般选择山地南坡朝阳地带成为了聚落选址的经验，而且由于当地的主导风向是西北风，南向山坡除了充分接纳阳光外，这种基址还能够有效地阻挡寒流。

2）院落围合保暖空间（图4.21）

西海固地区民居院落基本都是以院墙或者房屋的后墙、山墙将建筑单体组合在一起，围合成一个整体院落，以获得更好的内聚性特征，从聚落保暖方面来看，也是必不可少的措施。当地的院落布局方式有一字形带院墙、二合院、L形带院墙、三合院以及四合院等几种。其中以一字形带院墙和L形带院墙为主要围合方式。院落的布局方式，一是心理归属感的需要，二是领域感的需要，三是由于当地寒冷、风大、沙多，气候恶劣，通过院落的围合可以获得小空间内气候的调节，对聚落保暖有一定的积极作用。

3）墙体厚重

西海固地区冬季漫长而寒冷，昼夜温差大（最大可达20℃），因此，防寒

图 4.20　海原县菜园村聚落选址"背阴向阳"

图 4.21　保暖的院落空间

　　保温是当地乡村聚落、乡土建筑建造的重点。在民居的建造过程中，建筑材料的选择是因地制宜，直接选用资源丰富的黄土，经过简单的加工建成生土墙作为承重墙体或者主要围护结构，厚度最小40cm，最大的则达到90cm。生土墙体是把可以就地取材的黄土（主要是夯土、土坯，利用土的高热容、高热阻的材料性能）作为主要建筑材料，结合麦秸、秸秆、芦苇、砖石等辅助材料，将墙体作为一种白天吸收太阳辐射热量、晚上释放热量的"热接收器"、"热交换器"，从而使得生土建筑具有冬暖夏凉的性能。这样的生土墙体主要有三种类型：①全部土坯垒砌；②梁柱承重，土坯垒砌填充墙；③两片生土墙体做成中空的夹层形式，中空部分作为烟道与室内火炕、火炉相连，可以充分利用火炕、火炉烧炕和做饭的余热加热室内，从而达到节能的目的。

　　4）门窗洞口少而小（图4.22）

　　西海固地区的气候特征为：冬季寒冷，春、秋季节风沙大，当地民居多采用实墙体，开门窗尽量少且小。除此之外，木窗外面常常在冬、春、秋三季都

图 4.22　小门小窗的窑洞民居

图 4.23　综合性的民居室内布局组图

会设置一层薄纸或透明塑料，以达到防风沙、防寒、保暖的作用。几乎所有的正房北面及侧面不开窗，厢房也只有入口这一面墙体开门窗洞口，其他墙面均不开窗。这种做法避免了散热、吸热面积过大，可起到节能、保温的作用。

5）综合性的室内布局（图 4.23）

西海固地区冬季寒长，粗放的农业生产方式在冬季基本停止，漫长的冬季，全家人的主要活动几乎都集中在火炕周围完成。所以民居的平面形式主要为"三间两所"，即住宅三开间，中部一间为堂屋，左右两间以堂屋为纽带的平面布局方式。通常在堂屋室内布置大火炉和一个几乎占据整个室内一半面积的火炕，这种室内综合性的布局方式能够以最直接的方式获得热源、节省空间、节约能源。还有更为节能的设计方式，例如卧室与厨房相连布置，利用上面提到的中空的生土墙体，很好地利用了做饭的余热为室内增温。

4.3.3　日照与采光遮阳

太阳能作为一种新型能源，与传统能源（石油、天然气、煤等化石能源）以及核能等相比，有着清洁性、长久性、普遍性等特点。能够高效地开发利用太阳能资源，是应对能源危机挑战的最佳选择，将有助于保证在全球能源紧张形势下的国家安全，增强国家在国际能源竞争中的优势。

宁夏地区太阳能资源丰富，同时因地域不同而变化较大，总体特征是北部多于南部，南北相差 1000MJ/m² 年。西海固地区同时也是宁夏乃至全国太阳能资源最为丰富、分布最为均匀的地区，特别是北部盐池、同心两县，每年太阳能辐射总量达 5000 ~ 6100MJ/m² 年。

1. 日照时数较多

宁夏年日照时数为 2194 ~ 2082h，由北向南递减（图 4.24），且太阳辐射能直接辐射多、散射辐射少，对太阳能利用十分有利。全年平均总云量低于 50%，阴天少，晴天多，年日照百分率达 64%，北部石嘴山地区年日照时数高

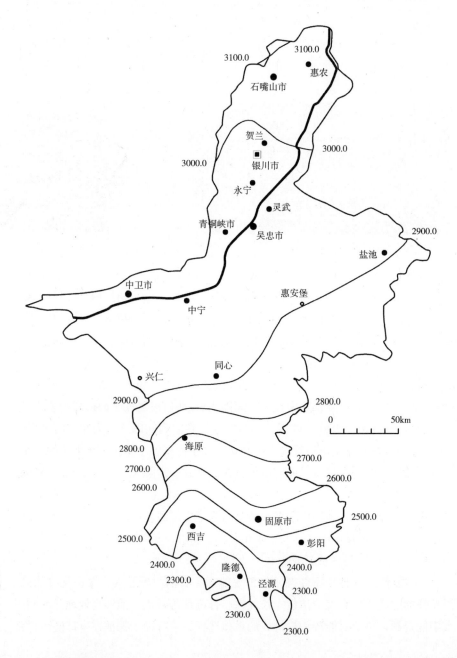

图 4.24 宁夏全区日照时数分布图（0.1 小时）（根据韩世涛硕士论文《宁夏太阳能资源评估分析》清绘）.

达 3100h，据分析，在全国 31 个省会城市太阳能可利用状况综合排序中，银川太阳能可利用状况排第三位，仅次于拉萨和呼和浩特。

宁夏年平均气温较低（5 ~ 9℃），无霜期短（日最低气温 2℃，无霜期为 113 ~ 161 天），均呈由南向北逐渐增大的变化趋势。中、北部灌溉区，年太阳辐射总量 140 ~ 145kcal/cm²，年日照时数 3000h 左右，是我国太阳能高值地区之一；南部山区，年太阳辐射总量 118 ~ 128kcal/cm²，年日照时数 2200 ~ 2700h。[94]

2. 太阳能辐射丰富

西海固地区太阳辐射分布较均匀，总体上看，北部辐射量大于南部，南北相差约 1000MJ/m² 年，统一区域年际变化相对稳定。就太阳辐射量来看，同心县最大，达 6100MJ/m² 年以上，全区平均 5781MJ/m² 年（表 4.3）。盐池县次之，为 5711MJ/m² 年，以上两县是我国太阳辐射的高能区之一。固原比较少，为 4947 ~ 5641MJ/m² 年。从各月分布情况看，各地均在 5 月、6 月出现最大值，12 月出现最小值。[95]

西海固各地太阳辐射表　　　　　　　　　　　　　　单位：MJ/m² 月　表 4.3

月份	1	2	3	4	5	6	7	8	9	10	11	12	全年
盐池	310.25	365.17	456.28	569.22	658.10	678.68	650.73	558.15	446.45	432.19	305.39	280.88	5711.49
同心	318.99	387.52	493.32	577.21	707.61	734.68	678.56	626.90	462.19	454.60	346.80	314.19	6102.57
海原	298.98	353.31	468.17	525.92	656.14	694.51	651.47	545.93	419.36	428.56	305.37	294.06	5641.78
西吉	269.33	314.29	432.16	492.31	620.28	659.56	573.15	504.74	375.41	359.63	283.11	276.38	5160.35
隆德	257.37	309.65	406.45	477.56	601.87	625.29	553.45	498.58	359.92	360.32	273.39	274.22	4998.07
固原	279.31	330.60	422.35	505.27	633.25	676.51	601.66	525.23	378.30	395.84	298.98	285.95	5333.25

资料来源：韩世涛，刘玉兰，刘娟 . 宁夏太阳能资源评估分析 [J]. 干旱区资源与环境，2010，8（24）：131-135.

3. 聚落采光

1）聚落用地布局松散、房屋密度低

西海固位于北纬 35° 14′ ~ 37° 32′，纬度高，冬季寒冷漫长，采暖期一般达到 6 个月以上，太阳高度角小，为了接受更多的太阳辐射，加之草原荒漠区地形平坦，多为平原团状聚落，西海固地区北部同心县、盐池县的回族聚落人口密度较低，聚落居住用地布局松散，房屋密度较低（图 4.25）。

2）大而松散的横向院落布局（图 4.26a）

横向院落式是指院落的面宽远大于进深，通常面宽能够达到进深的两倍左右。建筑东西向展开布局，一家或几家一字朝南排开，院落开阔。这时，由于特殊的日照条件（纬度较高，太阳高度角小），为了充分利用太阳能加之人少地广的原因，当地院落空间较为开阔，从而形成了院落较为丰富的光环境，充分满足了院落中居住建筑间的日照间距。一般院落的规模为：东西向 27m 左右，南北向 15m 左右，最大可达 45m×20m，建筑布局松散，尽量让每个房间都能

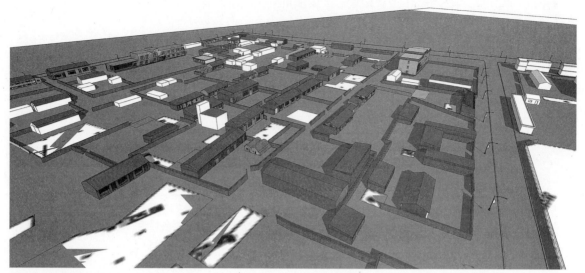

图 4.25　聚落居住用地布局松散

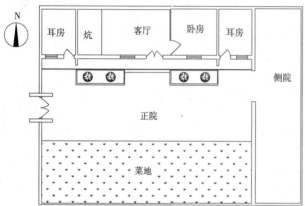

图 4.26a　典型的大而松散的院落布局

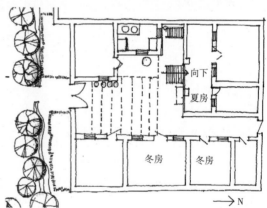

图 4.26b　新疆地区小而紧凑的院落布局（引自：岳邦瑞博士论文《地域资源约束下的新疆绿洲聚落营造模式研究》）

接收到阳光，这就完全不同于关中地区的窄长院落，更区别于新疆的紧凑内院、建筑单体的稠密布局（图 4.26b）。

　　3）形态简洁而间距大的单体布局（图 4.27）

　　平面布局有一字形的，一般面阔三间或者五间的较多，正房缩进、两侧辅房凸出，建筑平面呈"凹"字形，正房比辅房高，进深也大，装饰更讲究。二字形布局就是在院落南北各布置一排房屋，坐北朝南的为正房、堂屋，坐南朝北的则为辅助的厨房、贮藏间等。还有 L 形的，住房和厨房连在一起。三合院、四合院的布局则更显院落宽阔，通常四周院墙为夯土墙，房前留出院落，可以栽树、养花、种菜。房门外常年挂着门帘，冬天是棉门帘，挡风御寒，夏天换白色床单或沙枣核穿成的门帘，遮阳防沙。

　　4）向阳而进深小的房间

　　西海固一带有这样一个谚语："盖房要盖北上房，冬天暖夏天凉。"这是该地区民众经验性地认知房屋朝向对克服不利生态条件的重要作用。当地房屋的

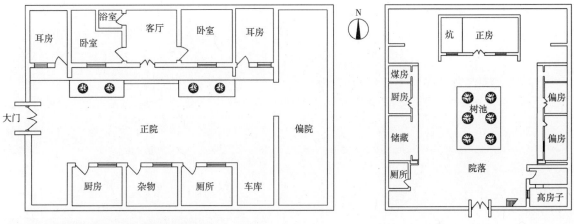

图 4.27　形态简洁而间距大的单体建筑布局

朝向选择上大多数为坐北朝南,由于太阳入射角较小,加之百姓传统观念认为房屋北面开窗不吉利、漏财等,因而,为了使房屋室内获得充足的阳光,当地民居建筑进深普遍较小,一般为 3.5m。窑洞民居则较为特殊,由于开间受到黄土力学性能的影响,不宜过大,故平面进深稍大,一般能达到 3.7 ~ 7m,例如彭阳县红河乡景宅窑洞最大进深达到 7.5m。窑洞从功能上分为居住空间和贮藏空间两种类型。住人的窑洞空间中火炕设置在紧邻窑洞入口处的窗户下面,向阳、光线充足,因此人们常在窑洞的火炕上会客、吃饭,进行各种娱乐活动。贮藏空间由于采光要求较低,则往往设置在窑洞后部,例如粮仓、工具贮藏室等。

5)绿化与遮阳并重(图 4.28)

介于室内外过渡区域的空间,我们常常称之为灰空间。在西海固地区,民居建筑为了夏季遮阳、防晒、防热,冬、春、秋三季防风、防尘,也出现了类似灰空间的室内外过渡空间。在固原原州区的调研中发现,有一种正房的前廊进深常常达到 2m 以上,尤其是"虎抱头"式建筑平面最为常见。前檐是一种有屋顶、无墙面的空间,介于室内外之间,在西吉县,百姓利用这一空间在正立面上加设透光性好的玻璃,使之成为被动式太阳房。庭院内中心多种植苹果树、梨树、枣树及花卉,通过植物控制阳光,涵养水分,对防风避尘也起到了很好的作用,从而调节建筑微气候。

4.3.4　风沙与聚落抗风

1. 风速、风向

宁夏年平均风速一般为 2 ~ 3m/s,银南地区和固原地区北部比较大,每秒 3m 左右,海原县最大,达 3.3m/s。贺兰山东侧的银川、平罗、永宁、贺兰,六盘山西侧的隆德、西吉等县市,因山体屏障影响,风速每秒小于 2.5m,是宁夏风速最小的地区。

宁夏大于等于 8 级以上的大风日数以贺兰山、六盘山最多,分别为 154.7天和 145 天,年平均大风日超过 25 天的有石嘴山、海原、同心、青铜峡和银

图 4.28　回族民居院落绿化、遮阳组图

川市城区等五县（市区），少于 10 天的有永宁、中卫、陶乐三县，其余各县市在
10 ~ 25 天之间。山地风速远比周围地区大，贺兰山、六盘山年平均风速达 7.3m/s
和 6.3m/s，是周围地区的 3 ~ 4 倍和 2 ~ 3 倍。

2. 聚落防风

1）高墙封闭型院落

西海固当地多风沙天气，建筑朝向通常会与等高线垂直布局，还会与主导
风向相关（图 4.29），西海固地区主导风向为西北风，所以建筑朝向多数为东、
南向。普遍采用自然生土作为建筑建造的材料，其抗风能力较弱，因此民居建
筑大都是单层和低矮的。用厚重和高大的墙体围合了整个庭院，形成了一个封
闭的、围护性极强的院落空间（图 4.30）。院落多采用向阳的合院布局，其封
闭性有效地抵御了风沙，使院落内部更少地和外界接触，以减少风沙对内部的
影响和破坏力。

2）挡风围护型建筑平面

西海固地区多风沙天气，为了防风沙，当地百姓通常在正房西面加建一
两间耳房，这样耳房自然坐西朝东，阻挡了西北风，成为正房的一道屏障。
这就是当地最常见的民居平面布局，俗称"钥匙头"，也称 L 形布局（图 4.31）。
与周边甘肃地区相似的"虎抱头"式（图 4.32）民居布局，也在当地很常见。

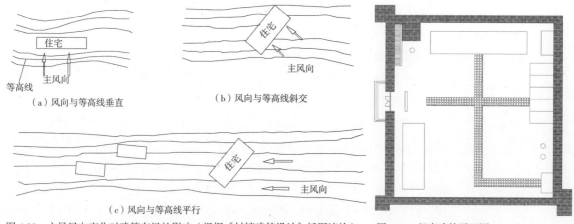

（a）风向与等高线垂直　　　　（b）风向与等高线斜交

（c）风向与等高线平行

图 4.29　主导风向变化对建筑布局的影响（根据《村镇建筑设计》插图清绘）　　图 4.30　堡寨建筑平面图

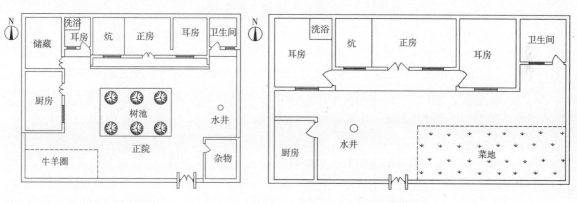

图 4.31　"L"形平面布局（钥匙头）　　图 4.32　"虎抱头"民居院落平面布局

这种平面布局形式是堂屋的东西两侧耳房的平面进深大于堂屋，即两侧分别凸出堂屋一定距离。这两种建筑平面都是当地民居应对多风沙气候的经验模式。正房的南面设置防风沙门帘、门斗，屋顶无瓦或少瓦，外墙不装饰或少装饰。

4.4　自然资源影响下的聚落营建

联合国环境规划署（UNEP）对资源的定义为："所谓资源，特别是自然资源，是指在一定时间、地点、条件下能够产生经济价值的，以提高人类当前和将来福利的自然环境因素和条件。"资源问题是当今世界人类发展面临的主要问题之一，是在人口不断增加的压力之下，土地资源，特别是耕地资源的退化和减少，森林资源的退化和不断减少，淡水资源的严重匮乏。

地区自然资源，就是对地区聚落营造产生影响的区域内部各种因素和条件的总和，包括各种自然资源、人文资源以及环境因素。论文针对课题的研究内容和研究对象特征，主要选取了地区自然资源中的土地、水、建材等，来研究地域资源与地域聚落营造之间的各种关系。

4.4.1 水资源与聚落营建

我国水资源严重匮乏，且分布不均。宁夏则是全国水资源最匮乏的省区，水资源具有量少、质差、空间分布不均、时间变率很大等特征。

1. 水资源现状及特征

1）水资源量少，蒸发量大

宁夏降水量少，地区变化大。全区多年平均年降水量为289mm，不足全国平均值的一半，是黄河流域平均值的1/2，而多年平均水面蒸发量达到1296mm，是降水量的4.4倍。按照2010年末人口统计值计算，宁夏人均水资源量为198m³（表4.4），不足全国人均水资源量的1/10，远低于西北其他省区和内蒙古自治区（表4.5），如果加上国家分配的黄河水，人均占有量也仅有706m³，不足全国平均值的1/3。

2）水资源时空分布极不均匀，且变率大

宁夏水资源空间分布不均匀，地区差异很大，按照自然地理条件，全区分为北部引黄灌区、中部干旱带和南部山区。北部引黄灌区面积占全区总面积的25.3%，灌溉面积36万hm²，素有"塞上江南"、"天下黄河富宁夏"之称；中部干旱带面积占45.9%，水资源匮乏，土地荒漠化、水土流失十分严重，人畜饮水困难；南部黄土丘陵面积占28.8%，水土流失严重，是国家重点扶贫地区之一。仅有的少量地表水资源径流在时间分配上，年内、年际变化明显。径流年内分配呈明显的单峰型，与年降水过程线吻合，大部分河流70%～80%的径流量集中在6～9月，最大月径流量（8月）是最小月径流量（1月）的10～40倍。

所以，宁夏水资源北部平原地区得黄河灌溉，南部则水资源极度匮乏。因此，全区南北地区水资源分布极不均匀。西海固地区国土面积和人口均占全区总数的近60%，而水资源仅占全区的19%，故当地是宁夏水资源最匮乏的区域。加之，西海固地区水资源开发利用率仅为31.2%。相关研究表明，自20世纪90年代以来，因降雨持续减少，西海固地区水资源总量急剧减少，而随着工业、生活用水的不断增加，用水量则在日益增大，水资源供需矛盾十分突出。

3）水质差、矿化度高、含沙量大

宁夏地区水资源质量较差，地表水矿化度高、含沙量大。矿化度一般为0.5～7.0g/L，最高达19g/L（苦水河支流小河）。矿化度不小于2g/L的地表水约2.4亿m³，占地表水总量的25.3%，分布面积占宁夏总面积的58.4%。西海固黄土丘陵区河流年平均含沙量100～380kg/m³，清水河支流折死沟、苋麻河、双井子沟，泾河支流茹河、蒲河等，年平均含沙量300kg/m³，实测最大含沙量1580kg/m³（折死沟冯川里站，1964年）。西海固北部地区则表现为地下水资源贫乏。地下水埋藏较深，且多数为苦水。区域内除了葫芦河谷、红茹河川、固原北川、南华山山前盆地为淡水富集地区处，其余大部分为苦水，无法饮用，这给当地人民的生产和生活造成了很大的困难。

宁夏与全国水资源比较
表 4.4

指标	全国	宁夏	宁夏占全国（%）
年降水量（亿 m^3）	61900	149.50	0.24
年降水深（mm）	648	289.00	44.60
河川年径流量（亿 m^3）	27000	9.50	0.035
年径流深（mm）	276	18.30	6.63
地下水资源量（亿 m^3）	8000	30.73	0.38
水资源总量（亿 m^3）	28000	11.633	0.04
人均水资源量（m^3）	2154	198.00	9.19

资料来源：1. 面积、水资源数据来源：《中国国土资源概况》；2. 人口数据来源：《2011 年中国人口统计年鉴》

宁夏与部分省区水资源比较
表 4.5

省区	面积（km^2）	人口（万人）	河川径流量（亿 m^3）	径流深（mm）	水资源总量（亿 m^3）	产水模数（万 m^3/a·km^2）	人均水资源（m^3/人）
宁夏	51800	630	9.50	18.3	11.63	2.25	185
陕西	205800	3732	422.00	205.0	443.00	21.53	1187
甘肃	405600	2557	273.00	67.3	280.00	6.90	1095
青海	717200	562	621.00	86.6	630.00	8.78	11210
新疆	1663100	2181	830.00	49.9	866.00	5.21	3971
内蒙古	1143300	2470	369.00	32.3	499.00	4.36	2020

资料来源：1. 面积、水资源数据来源：《中国国土资源概况》；2. 人口数据来源：《2011 年中国人口统计年鉴》

2. 聚落的维水性

从宁夏整体的水资源情况来看，黄河流域的北部灌区水资源总量最高，位于西海固腹地的南部次之，中部盐池、同心最少。水资源的总体状况决定了城镇的整体分布态势以及乡村聚落的分布密度，因此，宁夏北部人口和城镇、乡村密度最高，南部次之，中部最少。水资源的极度匮乏直接约束着西海固地区农业生产的发展，严重威胁着当地居民的生存环境。从原始部族聚落至今，西海固地区聚落的维水性始终未变。

1）水资源的分布影响地区聚落的分布形态

由石器时代的原始部落选址的"近水、向阳"，游牧部落的"逐水而居"即可判断水资源对于聚落选址、分布的重要性。海固地区聚落的发展与变迁是以河流水系的变化为转移的，反映为很多乡镇、村庄的名称都与周边河流、湖泊一致，据不完全统计，西海固地区有 40% 左右的村庄都以河流、河沟得名。历史上当地聚落的兴衰都与河流的变化直接相关，如图 4.33 所示，海原县聚落分布特征表现为聚落沿着河流两侧有规律地分布。图 4.34 所示的西吉县表现得更为突出，由于地形属于黄土丘陵沟壑区，地表支离破碎，聚落的维水性表现得更为明显，沿着河流呈树枝状分布。另外，海原县村落与泉水的关系，以海原县西安乡菜园村为例，因为泉水，原始聚落选址于此，而今天的菜园村与原始村落仅一山之隔，调研时全村依然有赖于这四眼泉水生活。如表 4.6 所列，几乎所有的村庄都会在有泉水或者可以得到泉水灌溉的区域内生产、生活，这是人类生存离不开水的见证，也是聚落选址最重要的决定性因素之一。

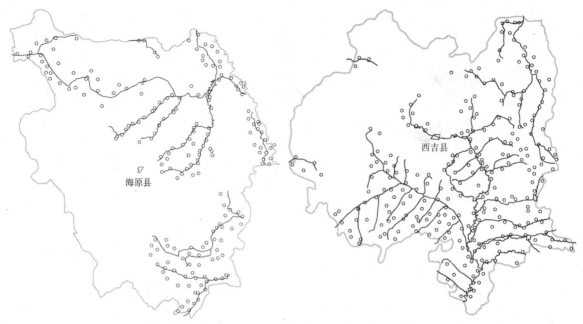

图 4.33　海原县河流与聚落分布关系图　　　　　　　　图 4.34　西吉县河流与聚落分布关系图

《乾隆盐茶厅志》记载海原县山村与泉水关系　　　　　表 4.6

地名	泉水与村落生活、灌溉情况
五泉	源出华山，甘泉数十道，随地涌出。……本城及城南北之羊房岔、白家墩、王家庄、李家庄、五里墩皆赖之。
芦茨沟	沟南山巅有小泉数眼，水流不绝；山根大泉一眼，阔丈有余，深倍之。回民七十余户，皆赖山田以生。
大山口	有泉眼十七眼，旧为本城及庙山、牛房三堡十九庄浇灌之用。
小山儿	有泉十余眼，不择地出，虽沙土壅塞而激射自如。
安桥门	山峡中有大泉一眼，小泉七眼。又西半里为茨沟儿，大泉仅二眼。两水会于干沙沟，灌溉七庄地亩。
山汉河	河内皆乱石，石中有大泉二眼，出水胜于诸泉，而待则之村庄已多。
菜园	平地大泉一眼，小泉三眼。去菜园十里余，曰陡沟儿，皆需此五泉以活。
东河、西河	西安州南十余里，地名苂冲山垴，有泉五眼，水流不竭，州人称为东河。西安州南十余里，地名堡子台、齐家湾，有大泉一眼，小泉五眼；又刘家湾大小泉十眼；狼沟儿泉四眼；张家湾大小泉十三眼；以上各泉皆在干河之内。北流三十里，州人称为西河。沿河村落并西安州新旧城皆沾足焉。
蒙古堡	西南四五里有泉之处：一曰龙官沟，一曰挖狼沟，一曰深沟，一曰毛草滩，一曰窨子沟门，各有大小泉四五眼、十余眼不等。其水皆入干河，自南向北，河东西村落二十余处，皆资利赖焉。
芦沟堡	南有大泉一眼，浇灌堡十余里。
乱泉子	有泉数十眼，乃十庄用水之地。
郝家沟	有大泉一眼，亦有小泉一眼。二泉合流六十余里，至双河堡而式微。
甜水河	在红古城西门外，味甘可饮，且便于灌溉，居人引之以种稻。

资料来源：乾隆盐茶厅志·水利．银川：宁夏人民出版社，2007；
刘景纯．历史时期宁夏居住形式的演变及其与环境的关系 [J]．西夏研究，2012（03）：96-119．

图 4.35 水窖

2）聚落对水资源的储备

西海固地区水资源匮乏，气候干旱，降雨量极少，蒸发量是降雨量的10～20倍，地下水的利用率极低，水质极差，不符合饮用标准。为了生存，当地百姓用水窖（图 4.35）储水，利用水窖存储雨雪，沉淀后可以饮用，以备不时之需。水窖主要有土窖和石窖两种类型。一般尺寸为深 4m 左右，直径 3.2m 左右（最宽处），上部窖口为 400mm×400mm 的正方形或 400mm 直径的圆形，窖底为圆形，直径 400mm。

作为西海固地区聚落的一个重要组成部分，水窖具有一定的生态学价值意义。张承志在其著作《心灵史》中对水窖的描写十分经典："但在这片天地里闻名的是窖水。用胶泥把一口大窖底壁糊实，冬天凿遍一切沟汊的坚冰，背尽一切山洼的积雪——连着草根土块干羊粪倒进窖里——夏日消融成一窖污水，养活一家生命。娶妻说媳妇，先要显示水窖存量；有几窖水，就是有几分财力的证明。"

水窖的制作较为简易，在庭院内部或外部的低洼处挖掘一个大坑，底壁均用黄胶泥糊严实，在窖口的附近留有进水的入口，以便下雨时，雨水流入窖中。到冬季，如遇降雪，居民会全家出动一起扫雪，将之收集起来，收入窖中，融化成水，以便人畜饮用和生活洗涤之用。

（1）土窖

土窖，一般在降雨量少、黄土层较厚的丘陵地区，如海原、同心、西吉、彭阳等地区较为常见。土窖一般深 10～20m 左右，在其内壁四周用不掺麦草的土坯砌筑加固，然后在表面涂抹细文泥或甜泥多遍，以至达到平整光滑的效果。最外层则用红胶泥或黄胶泥作防渗处理，即：先在窖壁上均匀间隔凿出大量深约 15cm 的孔洞，将和好的胶泥搓成孔洞大小的棍状填塞进去，然后用锤把留在外面的胶泥锤平抹光。现在则多用水泥作防渗材料，最后在水窖顶部加盖，防止水被污染。水窖一般隔几年就需要围护一下，主要是清理窖中的积泥。通常存满水后需要沉淀几天才能饮用，水质会变好些。

（2）石窖

石窖，主要在降雨量较大、河流密集、地下水相对丰富的泾源县、六盘山地区。因地下水位较高，这些区域一般打深些就会有地下水，所以泾源、六盘山地区的水窖多为水井，也作储水用。做法与土窖类似，只是当地石材丰富，

图 4.36　回族汤瓶［自摄（左）、网络资料（中、右）］

在距地面 2 ～ 5m 的一段用石头垒砌加固，有的甚至全部用石头箍窖。例如径源县园子乡的园子村有口上百年的老窖，是过去全村同心尽力挖凿的水窖，窖口约 60cm，深约 15m，窖内壁和窖底全部用石头垒砌，水质干净，现在仍然能供全村人饮用。

（3）聚落创造水环境

除了用窖藏储水的方式来存贮雨水和雪水之外，西海固民居的院落空间格外注重水环境的创造。夏季虽然较短，但干旱炎热，因此当地百姓常常在院落中种植果树、花卉、蔬菜等绿色植物，通过植物吸纳并遮挡阳光，涵养水分，改善微环境的同时也起到了防风防沙的作用。当然，回族群众在平时的礼拜前要进行"小净"，用自来水比较浪费，就选用汤瓶（图 4.36），既干净又节水。

4.4.2　土地资源与聚落营建

对于乡村聚落来说，土地是最重要的生产和生活资源，土地资源品质的优劣和数量的多少直接影响着聚落的选址、规模、密度和聚落群的空间分布，对聚落区域分布的数量和密度起着决定性的作用。只有当聚落的人口规模与土地资源、产业规模发展相互匹配的时候，乡村聚落才能达到最佳的发展状态。

中国土地总面积居世界第三位，人均土地面积相当于世界人均水平的 1/3，但是由于我国多山、多沙漠，可耕地面积很少，人均耕地面积仅为世界人均数的 43%，耕地不足是资源结构中最大的矛盾。

1. 西海固地区土地资源特征分析（表 4.7）

西海固地区正处于西北干旱区和东部季风区两个大自然区域的过渡和交汇地带，自然环境的交汇特征影响着该地区土地资源的开发和利用。西海固地区总面积为 3.052 万平方公里，占宁夏总土地面积的 58.7%。境内地形复杂，起伏较大，山地、丘陵、水域等形态兼备，耕地面积达 953324.55hm²，占土地总面积的 31.2%，园地 70088.6hm²，占土地总面积的 0.2%，林地 228095.96hm²，占土地总面积的 7.5%，牧草地 1362487.08hm²，占土地总面积的 44.6%，居民

点及工矿用地 79145.13hm², 占土地总面积的 2.6%, 交通用地 18739.47hm²,
占土地总面积的 0.6%, 水域 26520.67hm², 占土地总面积的 0.9%, 未利用土地
377138.29hm², 占土地总面积的 12.4%。[96]

西海固地区各县（区）土地资源一览表　　　　单位：万 hm²　表 4.7

地区	总面积	耕地	园地	林地	牧草地	居民点及工矿用地	交通用地	水域	未利用土地
同心县	69.67	20.55	0.12	1.45	37.95	1.57	0.31	0.27	7.45
盐池县	67.78	8.89	0.07	8.57	43.51	1.34	0.15	0.01	4.81
固原县	38.80	16.55	0.07	2.97	10.3	1.32	0.42	0.56	6.62
海原县	54.89	18.36	0.03	1.45	26.21	1.12	0.3	0.62	6.79
西吉县	31.30	13.28	0.01	5.78	6.74	1.00	0.13	0.62	3.65
隆德县	9.91	4.13	0.01	2.30	0.91	0.39	0.10	0.13	1.93
泾源县	7.57	1.75	0.04	3.45	1.23	0.15	0.04	0.06	0.85
彭阳县	25.29	10.75	0.30	2.99	4.38	1.06	0.22	0.25	5.33
总面积	305.21	94.26	0.65	28.96	131.23	7.95	1.67	2.10	37.43

资料来源：崔树国 . 宁夏南部山区土地资源可持续利用研究 [A]. 西北大学硕士学位论文 2003，6：16-17；宁夏
回族自治区国土资源厅《2007 年宁夏回族自治区土地利用变更调查报告》。

1）土地资源比较丰富，开发潜力较大

西海固地区人均土地面积达到 1.5hm²，且类型多样，既有广泛分布的黄土
丘陵，也有海拔较低的河谷平川，人均川、台、塬等平缓土地 2.7 亩，优于黄
土丘陵沟壑区的其他地区。现有耕地中，南部山区有中低产田 1445.16 万亩，
占耕地的 94.32%。土壤多为黑垆土，土层深厚，可耕性良好，加之坡度 15°
以下的尚可改造的农耕地，人均耕地可达 3.7 亩。黄土丘陵地区有大面积的天
然草场，发展畜牧业有一定的基础。地势平坦的河谷川地，热量条件较好，灌
溉便利，可开发成为农耕用地，类型丰富的土地资源可分区发展农林牧业，土
地开发潜力较大。

2）土地质量较差，旱作农业面积大且垦殖率高

西海固地区土壤肥力不高，大部分土壤质地粗，有机质含量低，水分不足。
北部地区，土地资源较丰富，光热资源较充足，但水资源稀缺，土地资源难以
开发利用；南部地区，年降水量多在 400mm 以上，地形破碎，坡地多，水土
流失严重，荒漠化土地面积 297 万 hm²，占宁夏总面积的 57.4%。

西海固地区土地利用在空间分布上的特点是：耕地占土地面积的 35.9%，
主要集中于梁峁为主的丘陵地带，且以坡耕地为主；缺点则是：耕地质量差，
水土流失严重。彭阳县主要分布有园地，林地相对集中在西吉县境内，牧草地
则主要集中在同心、海原两县。

3）坡地多，聚落建设用地分散，土地利用率低

由于土地类型以坡地为主，在梁、茆、塬的三大地貌类型中，坡度

大于 25°的占 11.8% ～ 26%，15°～ 25°的占 20%，5°～ 15°的占 20% ～ 38%，小于 5°的占 21% ～ 30%。西海固地区建设用地仅占土地总面积的 2.5%，其中居民点用地占 68.5%，比例显然过高，交通用地主要是农村道路，占 19.1%。居民点及工矿用地一项中主要是村落居民点用地。村庄居民点用地占建设用地的比例过高，人均占地面积过大；村庄居民点及乡镇内部布局不合理，土地利用率低，浪费严重。因乡村聚落分散，山路崎岖，道路利用率较低，虽然道路用地所占比例较高，但农村交通依然不便。西海固地区土地利用结构不合理，耕地比重过大。土地利用方式粗放，广种薄收，集约化程度太低。

2. 耕地对聚落分布的影响

乡村聚落的空间生成与拓展是与农民赖以生存的土地资源的分布息息相关的。《礼记·王制》："凡制邑，度地以制邑，量地以居民，地、邑、居民必相参也。"也就是说，凡安置民众，必须根据土地的面积来确定修建城邑的大小，根据土地的面积来确定安置人口的数量，要使土地面积、城邑大小、被安置人口的多少这三者互相配合得当，老百姓才能安居乐业。

耕地对以农业为主要生产方式的聚落规模与形态的影响有两个方面：①乡村聚落的开发与建设是人类按照时间的先后、质量的优劣对耕地资源的利用过程，因而一定区域内耕地数量、品质特征以及农业生产方式、生产力水平的高低直接决定了西海固地区乡村聚落分布格局；②耕地资源对乡村聚落的发展轨迹、形态布局影响极大。西海固地区作为我国西北农牧交错带，生态环境脆弱，这一区域的乡村聚落居住用地服从生产用地的布局特征突出，反映出农业生产的重要地位。

3. 土地与聚落形态特征

如果去除地形地貌、水资源、气候等自然因素对聚落形态的影响，而是从聚落土地利用区划的角度分析，会发现构成聚落的各类用地所形成的"圈层模式"（图 4.37）呈现出以聚落公共中心区为核心，生产生活服务区、居住区、农田耕作区以及景观防护区，依次逐层展开，各类区域有如下特征[97]：

1）中心公共空间区

村民聚居的区域内的中心公共空间区的主要功能是为村民提供公共活动。回族聚落中心公共区通常设置清真寺及寺前广场成为村落的视觉中心。清真寺位于聚落中心公共空间的显著位置，其占地面积（包括寺前广场）、建筑体量等方面远大于村落民居，建筑装饰也是全村最为华丽的，由此可见公共中心区在村落中的核心地位。

2）生产、生活服务区

生产、生活服务区处于中心公共空间区和居住区域之间，一般包括村落大型农用机械、设施的存放地区，便民服务的商业、医疗站以及村委会所属的区域。

图 4.37　典型回族聚落
形态及土地利用图

图　例

村庄居住用地	道路用地
市政公用设施用地	闲置地
公共设施用地	牧草地
园地	公共绿地
林地	规划范围
耕地	

3）居住区域

居住区是聚落用地的最主要部分，也是整个聚落用地所占比例最大的区域，包括聚居区内所有的住宅建筑、院落空间（包括堆放农业器具的空间和住宅门前的谷场）、牲畜圈等。

4）耕作区

耕地是农村、农民、农业存在的根本。"山区丘陵地带，传统聚落多选在山麓与平坝的临界点上，而农田耕作区一定位于平坝的好土之上，即使人口稀少，耕地面积又多时，建筑也尽量不侵占农田耕作之地。"[98] 居住建筑或其他建筑绝不侵占耕地，充分体现了耕地对于传统农耕聚落的重要性。

5）景观防护带

景观防护带是为保护聚落的生存环境，在村落边界专门设置的林带或由其他植物、山体、河流等形成的隔离带。

4.4.3　建材资源与聚落营建

我国森林资源人均占有面积仅为世界人均水平的 11.3%，森林资源的供需矛盾十分突出，且现有森林资源分布不均匀，主要分布在东北和西南地区。我国黄土高原是世界上发育最好、分布最广的黄土区域，西海固地区位于黄土高原丘陵沟壑区，黄土资源十分丰富。除去黄土资源外，可以作为建筑材料的还

西海固地区常用地方建筑材料统计表　　　　　表 4.8

天然材料	人工材料									
木材（松木、杨木、柳木）、石材、沙、麦草、蒲毛、芦苇	模制土坯砖	炕面子	垡拉	石灰	胶泥	三合土	三合泥	甜泥	细文泥	粗纹泥
	黄土，或掺入麦草放入磨具晾干，也称"胡基"	模制土坯，加掺麦草	秋收后将留有麦茬的麦田浇水浸泡，稍干后碾压平实，用铁锹按模数裁出晾干	俗称白灰	黄泥的一种，黏性大，晾干后特别硬	黄土、石灰、明沙混合	黄土、石灰、细麦草或蒲毛混合	黄泥，不掺其他杂料	黄泥掺入麦芒、麦壳等麦衣	黄泥掺入碎麦草
用途	垒砌墙体	垒砌火炕	垒砌墙体	墙体最外层涂料	水窖内壁防渗涂料	夯实地基	外墙涂料，二遍泥	外墙涂料，三遍泥	墙体涂料，四遍泥	头遍墙体涂料

有木材、沙石、芦苇、石块、秸秆、草、麦秆、模制土坯砖、炕面子、垡拉、石灰、胶泥、三合土、三合泥、甜泥、细文泥、粗纹泥等天然材料和人工材料（表4.8）。

1. 地方建筑材料

历史时期的西海固，草原、黄土丘陵沟壑纵横，适宜于人类居住、活动的区域集中于黄河的一级支流与二级支流附近，加之民族迁徙频繁，政治多变，因而在临水傍山的交通要道保留下许多古城址及长城遗址。据不完全统计，仍然屹立在地面的古城遗址、堡寨可达300座以上，古代长城遗址更是数量可观。观察相关遗存，有较为明显的特征：①生土建筑居多，极个别使用石材；②只有明清时期古城有砖砌建筑；③古城形制多为方形，少量瓮城为弧线形。

当地乡土建筑结构、建筑构造技术的成熟化与地区化的重要表现就是充分利用地方建筑材料进行乡土聚落建设。西海固乡土建筑运用的主要结构形式有两种：一是以木构架为主要承重结构，以土坯墙、夯土墙或砖墙作为外围护结构或隔墙。木构架则有抬梁式和梁柱平檩式构架（平屋顶梁架），此种结构体系抗震性能较好。另一种是土木混合式的结构体系，是木和生土共同完成房屋的承重和围护的结构。承重墙、隔墙均为夯土、土坯砌筑，梁、檩、椽均采用木材。这样以木材抗弯、土墙抗压，形成水平和垂直方向自成体系的土木结构体系中，各种材料的性能均得到了充分的发挥。

2. 林木资源

陆地生态系统的重要组成部分之一就是森林，森林建设是国家生态建设和生态安全的关键环节，同时也是传统社会重要的建筑材料之一。宁夏的森林覆盖率仅为8.4%，在全国排名第28位，为典型的少林省区之一（表4.9）。宁夏地区森林资源具有资源量少、覆盖率低、分布不均、结构不尽合理、林业用地利用率低、发展潜力大等特点。

西海固地区民居建筑常用硬山搁檩式的墙体承重结构，以生土墙、砖墙承重，建筑四周不用立木柱，水平木梁架在前后墙上，檩条直接担在两侧山墙与木梁架上。土坯墙建筑唯受材料性能所限，建筑开间较小，通常不超过4m。除降水较多的地区外，一般少用屋架。此类房屋虽然节省木料，但檩条支撑处由于应力集中，常常出现裂缝，抗震性能差。搁檩式屋顶木梁直径通常为 15 ~ 30cm，间距较小，为 30 ~ 90cm。木制梁架材质视家庭经济情况而不同。普通人家梁、椽、檩用材多为白杨、沙枣，房席用笈笈、红柳和旱柳枝条编制，而殷富之家建房则梁、椽、檩皆为松木、榆木。

宁夏地区主要资源统计表　　　　　表 4.9

主要指标	宁夏	全国	占全国的比重（%）	在全国的位次
土地面积（万 km²）	5.18	960.00	0.54	27
土地荒漠化面积（万 km²）	2.97	263.62	1.13	
年降水总量（亿 m³）	149.49	619889.00	0.24	
年水资源总量（亿 m³）	11.63	28124.40	0.04	31
森林覆盖率（%）	8.40	18.21		28
煤炭探明储量（亿吨）	314.58	10282.70	3.06	6

注：数据位次不包括港、澳、台地区。
资料来源：宁夏回族自治区发展和改革委员会. 宁夏回族自治区资源环境地图集［M］. 北京：中国地图出版社，2006：10.

3. 生土聚落

生土就是指深度在地表 1m 以下，不掺和植物根茎和腐草的土。[99] 生土材料泛指未经过焙烧，仅经过简单加工的原状土质材料（原生土），或者将黄土掺上细沙、石灰、木条、石、柳条等副材料，经过不同的方法进行加工处理后的各种建筑材料（半生土）。从地质学角度，根据黄土土层形成的年代将黄土分为古黄土（午城黄土）、老黄土（离石黄土）、马兰黄土和次生黄土四种类型。午城黄土一般构成黄土高原、丘陵的中下部，开挖困难；离石黄土的土层质地密实，力学性能好，是挖掘窑洞的理想层；马兰黄土土质均匀，呈垂直节理，大孔发育，有一定的湿陷性，马兰黄土层较厚的地区有窑洞分布，高原区的下沉式窑洞多分布于此层中。[100] 在西海固地区，靠崖窑和下沉式窑洞分布较为广泛的彭阳地区地质属于黄土丘陵区与河谷残塬区，除个别有基岩外露处，均为马兰黄土（第四纪黄土的分期名称之一）所覆盖。

生土材料特征：①取材方便：就地取材，因地适宜；②节省能源：以生土为材料的建筑节省烧砖需要的燃料，拆除后可以回收再利用，保护环境；③造价低：生土资源，减少了建筑的材料成本；④施工技术适宜：生土建筑建造工序简单，技术成熟而可操作性强；⑤室内热环境好：生土的最大优点是导热系数小、热惰性好，因此室内环境冬暖夏凉，同时生土的隔声、防火性能都较砖木建筑有优势。

如表 4.10 所示，夯土、土坯材料的热稳定性好、蓄热能力强。同时，夯土的储湿性能相比砖结构有很大优势。在气候干旱的黄土丘陵沟壑区，自古人类就选择了生土建筑作为栖息地，而今仍然能够看到大片的生土聚落在西海固地区持续发展。

西海固回族民居常用建筑材料的热性能表 表4.10

材料名称	容重 kg/m³	导热系数 W/（m·k）	比热容 kJ/（kg·k）	蓄热系数 W/（m²·k）
夯土、土坯	2000	1.16	1.01	12.99
黏土空心砖	1800	0.81	1.05	10.63
钢筋混凝土	2500	1.74	0.92	17.2
水泥砂浆	1800	0.93	1.05	11.26

数据来源：王战友.村镇住宅围护结构的热工设计[J].西安建大科技，2007，66（02）：27-30.通过围护结构的计算比较可以看出夯土墙明显比砖墙热工性能良好。[101]

4.窑洞民居

宁夏西海固地区是我国黄土分布的主要区域之一，土层深厚，地质构造长期稳定，土质直立性好、可塑性强，加之土地贫瘠，建筑材料稀缺，而窑洞冬暖夏凉，节省木料，故成为当地群众喜爱的居住建筑。窑洞民居主要分布在固原、西吉、同心、隆德、彭阳、盐池一带。按照建筑形态，窑洞可分为靠崖窑、下沉窑及箍窑三种类型。

1）靠崖窑

靠崖式是靠着面朝南的土山、土坡（坡度大于30°）或者土沟的垂直壁面向黄土层中开挖，以形成建筑空间的民居类型。窑前多数留出开阔的平地，很少有围合院落的做法。靠崖窑在西海固地区分布较广，大多依山就势，位于干旱少雨（年降雨量300～500mm地区）的山坡、土沟、土台边远地带，彭阳、海原等地多有分布。此类聚落大多在高度上沿等高线布局，平面上则沿着冲沟、山、台地的自然曲线或折线进行排列。

靠崖窑一般根据断面大小的不同，开挖的孔数从3孔至6孔不等，由于靠崖窑属原生土建，受土质、土层特性和室内功能所限，其跨度一般为3～4m，进深6～9m，跨高比1.0～1.3。[102]正面最中央的一孔主窑比其他窑洞略高，称作堂屋，为长辈的居室。窑口砌墙安置门窗，一门一窑或一门两窑的布置较为常见，正面窑脸上部靠近窑顶的位置开天窗，窑内靠山墙均盘有土炕，土炕一边靠着山墙，一边连着窑壁，门边上都留有炕烟门。

西海固地区的窑口呈抛物线的拱形，窑跨度为2.5～3.2m，进深为4.2～7.0m，也有极少数超过10m深。窑洞的入口处会用土坯或砖石砌筑成拱形，上部镶有小窗户，下部为门（也有门联窗的）。回族的窑洞民居（图4.38），多数是单孔深窑。一孔窑居住一户人。窑洞入口处只设一个小门，门上留一个三角气孔，无窗，室内首先是一盘大炕，与炕相连的是灶，再往里则是粮食及柴草存放空间，有的是沐浴室，有的则是礼拜空间。这样的窑洞实际上是一个综合体，窑洞本身兼具室内外空间的所有特征，室内空间更是将吃、住、储藏、洗浴、礼拜甚至牲畜的夜间栖息都纳入进来，同时还具有一定的防御功能。

在彭阳县有一种俗称为"高窑子"的多层窑洞，以2层为主，最高可达3层。这种窑洞的开挖必须选择崖壁面较高，土质稳定、坚硬、强度高的位置进行开

图 4.38 西海固回族靠崖窑组图

挖。高层窑洞往往开凿在室内，有土凿的楼梯可通向上部窑洞，住人或贮藏财物。这种多层窑洞应该是早期为了防御盗匪而建立的藏身、藏粮的空间，数量较少，只在彭阳县一带少量保留。

2）下沉窑

下沉式窑洞主要分布于黄土塬梁峁、丘陵地区，修建窑洞时首先选择较为平坦、坚硬的黄土地，向下挖出 5～6m 的一个正方形、长方形地坑，而后，在形成的四合院中在四个坚硬的黄土壁面上开挖靠崖窑洞，同时选择好出入口的位置，利用开挖坡道通向地面。宁夏的下沉式窑洞（图 4.39），比陕西的地坑院占地大、宽敞。这种窑洞要求地坑的深度至少 8m 左右，窑高 4～5m，上部覆土基本与窑洞高度相等（最少也要 3m）。下沉式窑洞自然形成合院，围合性好，安全，私密性好，同时有利于阻挡凛冽的寒风，增加了窑洞的保温作用。例如彭阳县红河乡何塬村的景家地坑院尺寸为 35m×15m，而陕西渭北地区的天井则为 9m×9m，或者 9m×6m。因为下沉院落占地面积较大，导致院落之间有一定的距离，加之地广人稀，下沉院落随地势分布较为自由。河南洛阳周边的地坑院则形态规整、分布集中，农耕文化的影响较深。西海固地区无论地上院落建筑还是地下窑洞建筑，无不体现了更多游牧文化影响的特征。

3）箍窑

箍窑，也称"锢窑"，是一种独立式窑洞。与上面两种窑洞不同的是，箍窑一般选择在地形较为平坦、空旷的地方修建，不靠黄土崖，建筑物的围合部分全部由人工建造，严格说，这种民居只是借鉴了窑洞的形式，而建筑施工技术则远高于前二者，同时对建筑场地的选择不依赖于土崖、断面，更加灵活、

图 4.39 彭阳县下沉窑洞组图

多变，充分显示了黄土高原地区人类利用自然、改造自然、创造建筑空间的无限智慧。

这种窑洞民居主要分布于西海固地区的清水河东侧的黄土丘陵地区年均降水量低于300mm的同心县一带，有单孔、双孔和多孔等几种形式。土拱的跨度为2.3～3.3m，进深为3.8～7.0m，室内净高为2.8～3.5m（拱矢高1.5～2.3m）。箍窑的拱形多为双心圆或者抛物线形，与陕北地区覆土式箍窑造型迥异，构成了极富地域特色的窑洞类型。

独立式窑洞（图4.40）在清水河东侧的黄土丘陵地区的同心县比较常见，屋顶呈尖拱形而无覆土，与陕北、陕西独立式窑洞必须覆土的形式完全不同。西海固地区的独立式窑洞常常采用土坯发券，并列修建2～5孔，其中两孔并排修建的最为常见。窑洞开间尺寸大多为2.5～3m，拱顶高3m左右，进深4～6m。并排砌筑的窑洞的拱与拱相交处设坡度向前的排水天沟和水舌，以便排水。在立面设计上，仅在南面开小门、小窗，拱顶最高处设一方形的小通风口，室内在临窗的位置设置火炕。窑洞内外表面均用黄土细泥抹光，由于地区气候干旱、少雨，地基处无需作防潮、防水处理，一般要过一两年才重新抹一次细泥。

5. 生土辅助设施

房屋等主要居住空间、院落围墙、生活辅助设施都是用生土砌筑的。生土辅助设施包括地窖和粮囤（图4.41）。

1）地窖

一般呈圆锥形或者方形，一般直径约2～3m，深约1～2m，过去也作防匪用，大的则有直径约3～4m，窖高约2～3m。地窖挖好后，在窖底铺上麦草，四周抹上麦草泥或用干麦草围起来。地窖用来储藏蔬菜、水果、牲畜饲料等生活

图4.40 独立式窑洞（箍窑）组图

图4.41 粮囤与地窖

必需品。储藏品通过木梯放进窖中，之后，用石板将窖口封起来，利用地下温度、湿度相对稳定的恒温效果来储藏，使储藏品能在较长的时间内保水、保鲜。

2）粮囤

一般呈圆锥状，高约 2m，直径为 60～120cm，是西海固地区常用的粮食储藏空间。粮囤的做法是用干的麦草、苇席、柳条编织而成，内外壁均糊上黄泥。

6. 土木材料的结合

西北地区大部分农村都以土坯建造房屋。由于其就地取材，经济实惠，在宁夏整个农村普遍流行。土坯房墙体一般山墙与后墙采用生土夯筑，前墙用土坯砌筑，也有全部墙体采用土坯砌筑。土坯即"胡基"（图 4.42），在当地叫"垡拉"，单块土坯规格为 300mm × 200mm × 80mm 或者 280mm × 200mm × 70mm。在降水量较多地区，墙裙和建筑四角会用砖砌，也有人家在土坯墙外用砖平贴起到装饰与防水作用。

7. 砖混材料

砖混材料的民居是随着回族群众经济条件的改善和外界建筑材料信息的传递，人们根据土木材料结合民居的结构进行改进的结果（图 4.43），即用烧制的实心或者空心黏土砖代替过去的土砖或者土坯来砌筑房屋的承重墙体，大多为横墙承重体系，由于黏土砖的材料强度较土坯和土砖要高，故房屋的高度和进深有了一定的增大。砖木结合材料的民居有红砖和青砖两种，群众的选择是根据市场价格、供应情况及政府引导等因素来进行的。

图 4.42　土坯及平顶房

图 4.43　农民自建房及房屋构造

平屋顶的砖混房屋：墙体是黏土砖，屋顶采用预制钢筋混凝土板。屋顶不覆瓦，由于宁夏中部地区降雨量少，年均不足 400mm，因此屋顶坡度极缓，大致为 5°～10°，有由南向北逐渐上升的坡型，也有由南向北逐渐下降的坡型。出檐的方式则各有不同，有的直接挑出木檩，有的则直接挑出混凝土梁，还有的将山墙砌筑成叠涩的收分与屋檐相接，总之形态较多，但总体出檐深度在 50～80cm。到了夏季玉米成熟的季节，家家户户屋顶上铺满了黄澄澄的玉米，放眼望去，非常有特色。

坡屋顶的砖混房屋，墙体目前使用较为广泛的是黏土多孔砖，采用型钢或钢架替代木头作檩条，椽子则有条件的采用木条，条件差的采用 5cm×5cm 的预制混凝土条，上铺席草，上房泥，置瓦。

第5章 回汉文化融合下的聚落营建

自然环境、气候特征以及自然资源是聚落生成的天然土壤，聚落的营建以及乡土建筑的面貌是对这三者的反映，与此同时，聚落的营建也受到所在区域社会文化、宗教等方面的强烈影响，甚至宗教上的需要和禁忌所带来的聚落、建筑的复杂化远远比自然环境、气候条件对聚落带来的影响更多。

元代以来，宁夏从北部黄河西岸到南部六盘山区，屯垦区遍布回回居民，他们和当地汉族及其他各少数民族群众共同生活、劳动，使用汉语，同时，保持自己的宗教信仰和文化传统。[103]从明代经堂教育的兴起，到汉译伊斯兰经典，从唐宋时期传统木构清真寺建筑风格，到今天大量新建清真寺的牌匾楹联，从历史到今天的日常生活中的风俗、服饰以及节日庆典，无不折射出汉文化与伊斯兰文化的巧妙结合。无论从回族的族源还是回族聚落营建来看，回汉融合始终是回族文化最为重要的特征之一。

本章在对宁夏西海固地区传统聚落的地域宗教文化特征进行研究的基础上，整编和研究分析当地类型丰富的回族建筑的调研资料，重点研究作为当地回族的聚落中心和生活的精神中心的宗教建筑。

5.1 宁夏地区的人文宗教

宗教是一种社会现象，在宁夏，宗教对于该地区人们的社会生活影响十分广泛。自古以来西海固就是多民族聚居的地方，多民族、多种宗教并存现象十分显著。在不同的历史时期陆续成为该地区重要的宗教和民间信仰的有佛教、道教、伊斯兰教以及基督教。不同民族文化、不同宗教文化的相互影响、相互融合成为宁夏地区人文宗教的一大特征。

5.1.1 多宗教（民间信仰）、军事文化并存

1. 多元宗教文化并存

宁夏地区主要的宗教以及民间信仰的建筑景观有：儒家孔庙、佛教寺院、道教宫观、伊斯兰教清真寺、基督教堂、天主教堂和一般民间信仰庙坛等。汉族中的部分群众信仰佛教、道教、基督教、天主教。回族、维吾尔族、东乡族、哈萨克族、撒拉族和保安族群众信奉伊斯兰教。

图 5.1　固原须弥山石窟大佛寺

图 5.2　西夏佛塔——拜寺口双塔

1）佛教

宁夏地区从魏晋南北朝时期就有佛寺。唐朝，随着丝绸之路的繁荣，随之东来的佛教也在这里形成了显著的文化景观（图 5.1），宁夏灵武一带已有不少寺院和僧道。西夏时，曾把佛教定为国教，西夏皇帝多次向宋朝献良马，乞赐佛经。1055 年，西夏毅宗发数万人建承天寺（今银川承天寺塔，俗称"西塔"，即为该寺遗迹），藏《大藏经》，并到处修建寺庙。西夏历代帝王都笃信佛教，宁夏作为西夏国的统治中心、文化核心，佛教自然成为当地最为重要的宗教信仰（图 5.2）。据不完全统计，目前宁夏境内仅佛寺就有 400 多座。

2）道教

道教是中国固有的宗教，是发源于古代中国的传统宗教，至今已有 1800多年的历史，它与中华本土文化深切结合，根植于华夏沃土之中，展现着鲜明的中国特色，并对中华文化的各个层面产生了深远影响。道教的宗教形式是一个崇拜诸多神明的多神教，追求得道成仙、救济世人是其主要宗旨，它是中国古代文化的综合体。[104]道教建筑多数布局和形式遵循传统宫殿建筑、佛教建筑，即以殿堂、楼阁为主，以中轴线对称布局，与佛教建筑相比规模一般较小，不设佛塔、经幢、钟鼓楼等。

宁夏道教建筑较之佛教建筑数量少，但现存的都规模较大。宁夏的宗教建筑除伊斯兰教外，儒、释、道三教合一的较为多见。例如中卫高庙、平罗玉皇阁等，建筑群体量巨大，风格多样，布局巧妙、自由，内部空间复杂多变，屋顶样式丰富，是古建筑中难得的精品（图 5.3）。

3）天主教、基督教

宁夏的天主教、基督教传入也较早。新中国成立时，有天主教堂（图 5.4）12 座，神父 12 人（外籍 6 人，中国籍 6 人），修女 17 人，教徒约 2000 人左右。基督教于 1879 年传入宁夏，目前，平罗、银川、石嘴山、中卫、中宁等地仍有少数基督教徒。

西方教堂样式与宁夏当地传统建筑风格的碰撞使教堂建筑出现本地化变异，两种建筑文化在时间和空间上的差异增强了这种变异的显著性，强化了宁夏教堂新的建筑特征，增加了教堂立面构图的变化和传统建筑元素新的组合方

图 5.3　贺兰庙道教寺院

图 5.4　银川天主堂

式。宁夏传统建筑中的山墙、门头、丰富的民间装饰等展现地方建筑文化特征的重要部位，融入到教堂建筑的正立面中，使宁夏教堂以新的立面形象出现。[105]

4）伊斯兰教

伊斯兰教在唐代传入我国，直到两宋时期还未形成规模，元代是伊斯兰教传播和发展的黄金时期，对后来的回回民族的形成起到了决定性作用。伊斯兰教传入宁夏的时间应该在唐代，到了元蒙时期，由于中亚各地信仰伊斯兰教的各民族不断进入宁夏使得该地区成为伊斯

图 5.5　纳家户清真寺

兰教徒重要的聚居地之一（图 5.5）。随着明代回族的形成，清代的进一步巩固发展使得宁夏地区成为全国最大的回族聚居区，伊斯兰教也随之发展壮大。目前，据不完全统计，宁夏地区有清真寺 3300 多处（图 5.6），阿訇❶4000 多人，满拉❷6000 多人，伊斯兰教协会 13 个。

2. 多宗教场所的融合

佛教、伊斯兰教、道教等多种宗教场所共处同一区域的现象在宁夏较为常见。例如在贺兰山滚钟口不大的山坡上就有伊斯兰教的拱北、清真寺和佛教的观音寺及道观贺兰庙三教场所共处，和谐共存，相安无事，甚至互相帮助的奇

---

❶ 阿訇，为波斯语的音译，又译为"阿洪"、"阿衡"，意为"私塾老师"，是回族穆斯林对主持清真寺宗教事务人员的称呼。一般分为"开学阿訇"和"散班阿訇"两种，前者为执掌某一个清真寺全面教务工作的人；后者指没有被正式聘请主持教务而赋闲在清真寺者。阿訇必须接受数年经堂教育并经考核合格后举行穿衣仪式，才被正式承认。

❷ 满拉，为波斯语的音译，意为通晓宗教知识的人，学者，宗教学教师，法官。现在西北回族穆斯林通常把在清真寺学习宗教知识的学员称作"满拉"。

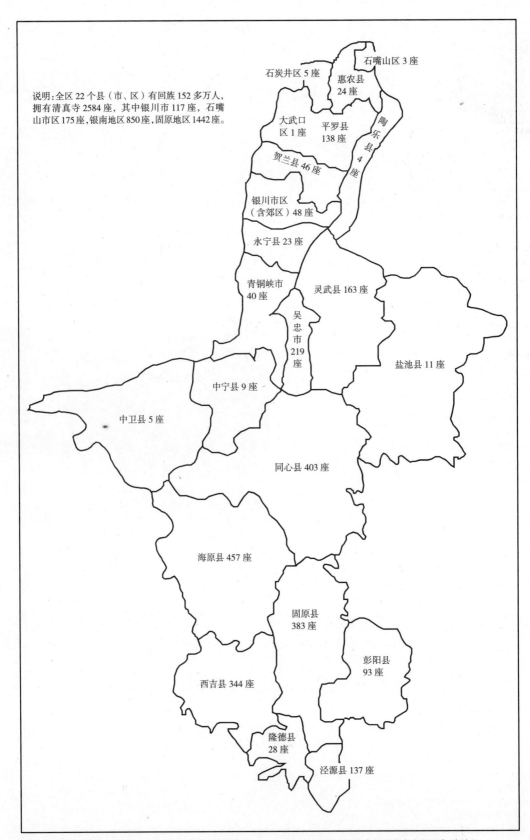

说明:全区 22 个县 (市、区) 有回族 152 多万人,拥有清真寺 2584 座, 其中银川市 117 座, 石嘴山市区 175 座,银南地区 850 座,固原地区 1442 座。

石炭井区 5 座

石嘴山区 3 座

惠农县 24 座

大武口区 1 座

平罗县 138 座

陶乐县 4 座

贺兰县 46 座

银川市区 (含郊区) 48 座

永宁县 23 座

青铜峡市 40 座

灵武县 163 座

吴忠市 219 座

盐池县 11 座

中宁县 9 座

中卫县 5 座

同心县 403 座

海原县 457 座

固原县 383 座

彭阳县 93 座

西吉县 344 座

隆德县 28 座

泾源县 137 座

图 5.6　宁夏回族自治区清真寺分布图 (图中数据统计于 1991 年) (根据何兆国《宁夏清真寺概况》清绘)

特现象。更有固原二十里铺九彩坪门宦❶的拱北❷在"尔麦里"❸时常有汉族群众前来上香供奉的现象。这种多种宗教文化共存的现象反映了自古以来宁夏地区就是多民族、多宗教信仰的地区，民族融合甚至宗教融合是本地区多元文化的重要特征。

3. 边疆军事文化

自先秦以来，宁夏境内每个朝代都有大量的军队驻防、戍边、屯田。边疆军事与战争的文化伴随着宁夏数千年的历史进程。[106] 宁夏素有"长城博物馆"之美誉，境内现存长城遗迹、遗存丰富，种类繁多，时间跨度长，有战国秦长城、隋长城、宋壕堑、西长城、旧北长城、北长城、陶乐长堤、头道边、二道边、固原内边等，可见墙体近千公里，辅助设施2000多个（图5.7）。[107]

这种军事与战争文化在乡土建筑上最直接的体现就是堡寨建筑。堡寨建筑，又称堡子、营子、庄子。明、清时期，在宁夏全境，除了规模较大的县城以外，凡是有人居住的地方，几乎都是大小各异、形制相似的堡寨。这种采用夯土版筑的高墙围合而成，四面或东西两面辟拱券型门洞的堡寨，大的可以容纳几百户，小的可住十几家。相关田野调查资料表明：明代后期，宁夏南北各地形成了大量回族堡寨，例如海原县李旺堡、高崖乡"五百户马家"、"九百户马家"，均为明代建设的堡寨。清代前期，回族在宁夏已经具有了相当的规模。根据清乾隆四十六年（1781年），陕西巡抚毕沅的奏折："宁夏至平凉千里，尽系回庄"，可知当时较大的回族聚居区除了宁夏南部山区的固原、开城、硝河、同心、海原、预旺堡、泾源外，还有北部银川平原的平罗县的宝丰，永宁县的纳家户，贺兰县的通昌堡、通贵堡、吴忠堡以及府城灵州和金积堡等。

5.1.2　历代人口迁移及各民族分布

人口是文化的载体，也是文化的创造主体。人口构成是指拥有不同文化背景和经济基础的各种人口群体的组合。宁夏人口的构成，早期包括历史上因战争等各种原因自然南下进入的北方少数民族以及中原政权对境内的政治性、军事性、经济性移民。[108]

宁夏地区自古以来就是多民族频繁迁徙之地，从周代至明清，历代都因各种原因不断有移民迁入、迁出（表5.1）。周代至明清、民国，宁夏地区移民的迁移原因大致可分为四类：①战争、军事防御；②畜牧基地形成；③马政；④民族政策强制移民。移民的迁出地大多是青海、河西走廊、中亚、西亚、陕西、山西、新疆、东北、江浙等地。迁入地主要集中于西海固腹地的固原、六盘山区及以泾源县为代表的六盘山丘陵沟壑区。对宁夏当地文化的影响表现为

---

❶ 门宦，在本章5.2.4一节中有详细解释。

❷ 拱北，在本章5.2.4一节中有详细解释。

❸ 尔麦里，为阿拉伯语的音译，又译为"阿曼里"、"尔买里"，意为"善行"、"善事"、"善举"，引申为伊斯兰教功修的代称和符合伊斯兰教教义的事情。门宦制度形成后，"尔麦里"又引申为一种特殊的功修形式，即穆斯林用特定的音调念诵《古兰经》，赞美穆罕默德圣人，并围桌跪圈，为亡人祈求饶恕，为活人祈求平安。

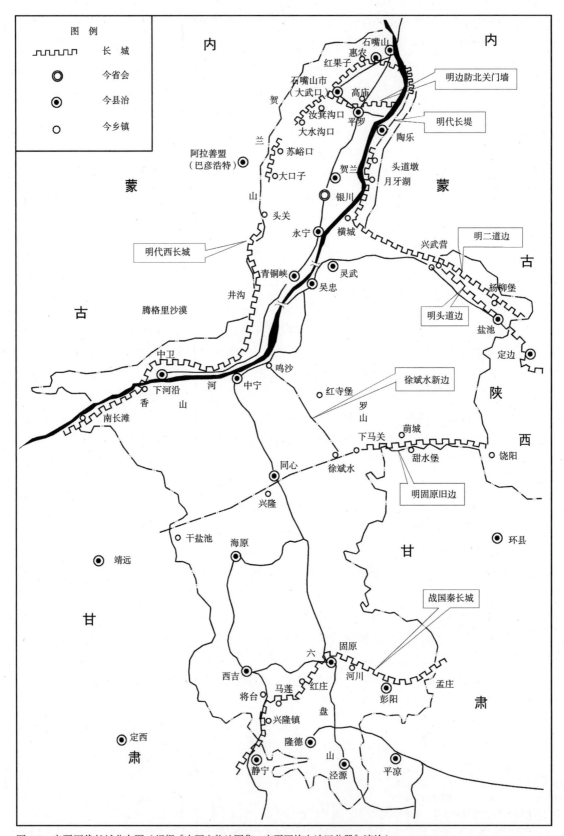

图 5.7 宁夏历代长城分布图（根据《中国文物地图集·宁夏回族自治区分册》清绘）

游牧文化与农耕文化的融合，秦汉畜牧经济的发展，隋唐成为军事基地，宋代堡寨林立，元代伊斯兰教的传入，佛教等文化的融合至明清回族聚落"大分散"、"小聚居"分布格局的形成。

宁夏地区历代人口迁移表

表 5.1

时期	迁移原因	民族及组成	迁出地	迁入地	影响因素
周	战争、军事防御，怀柔政策，同化异族	犬戎等游牧民族	大原（今固原）	六盘山地区	游牧文化首次融入农耕文化
秦汉	移民实边，建立养马苑，开发西海固地区为抗击匈奴的军事据点	中原流民，羌族等少数民族	关中一带，青海、河西走廊	固原	军事地位的奠定，畜牧经济发展，民风尚武
隋唐	军事防御，畜牧基地，丝绸之路的开辟	中亚商人，突厥等少数民族	中亚、新疆	固原	成为军事重地，中西文化交融，引进先进的耕作技术，商贸发达
宋	军屯、民屯、商屯，流放罪犯；战争	中原流民，商人、仕官、女真族		固原	军事重地，堡寨林立，民风尚武
元	战争迁移，军事防御，自发迁移	蒙古族、中亚、西亚、回族、南人	河北、山西、山东、辽西、辽东、北京、陕西、中亚、西亚、江浙	六盘山地区	伊斯兰教传入，回族初步形成，中西、南北文化融汇，宗教盛行
明	军事防御，战争迁移，屯垦，养马基地，仕官任职	蒙古族、回族	西域、安徽、江苏、江西、浙江、陕西	六盘山地区	回族聚居区基本形成
清、民国	民族压迫政策强制移民，军屯，回民起义	回族、满族	陕西、东北	以泾源县为主的六盘山沟壑区	绿营兵制，兵多民少，民风尚武；回族"大分散"、"小聚合"聚居格局形成

资料来源：根据《西海固史》相关论述整理。

从商周至明清的几千年间，各少数民族就在六盘山区、清水河沿岸耕牧。宁夏境内历代都有大量的民族聚落、混居（表 5.2）。西周时期的主要民族是义渠戎、乌氏戎、朐衍戎；魏晋南北朝时期先后进入宁夏地区的则有汉、匈奴、敕勒、羯、鲜卑、羌、氐、柔然等民族；隋唐时期又有东突厥、吐谷浑、吐蕃、薛延陀、回纥、党项等民族进入宁夏。五代至宋，夏汉、党项、吐蕃、鞑靼、女真等民族在宁夏境内居住；元代，由蒙古族和中亚、西亚东来的许多民族进入宁夏；明代以后则有回、汉两个主体民族；清代，满族又成为宁夏新的少数民族。

宁夏境内历代主要民族一览表

表 5.2

朝代	主要民族
商	西戎（鬼方、猃狁）
周	义渠戎、乌氏戎、朐衍戎
秦、汉	汉、匈奴、月氏、羌
魏晋南北朝	汉、匈奴、鲜卑、羌、氐、羯、敕勒、柔然
隋、唐	汉、东突厥、薛延陀、敕勒、回纥、吐蕃、吐谷浑、党项
五代、宋、西夏	汉、党项、吐蕃、鞑靼、女真
元、明	汉、回、蒙古
清、民国	汉、回、满、蒙古

资料来源：陈明猷. 宁夏古代历史特点初探[J]. 宁夏社会科学，1991（01）.

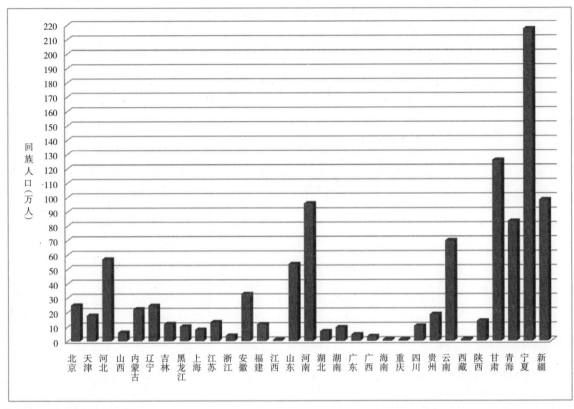

图 5.8　中国回族人口分布图

目前，宁夏各民族人口的分布特征为：①回汉两大民族人口"大混居、小聚居"。汉族主要分布在各市县乡（镇），聚居在经济、文化、交通等较发达的城镇和乡村。回族在"小聚居、交错混居"的同时，人口多分布于交通不发达，经济、文化较为落后的边远区域，以中部的吴忠市和南部西海固地区最为集中。②其他少数民族人口以"散居、混居"为主。满族、蒙古族、东乡族等41个散、混居少数民族主要分布在银川市、石嘴山市、吴忠市、固原市、中卫市等区域，主要与汉族混居，也有少数信仰伊斯兰教的民族与回族混居。

5.1.3　回族人口的分布格局

与其他民族不同，回族在我国没有完全属于自己的原生文化圈，回族总是穿插在不同类型的文化场景之中。西北地区是伊斯兰文化、儒家正统文化和藏传佛教文化组合而成的文化区，但回族不像维吾尔族那样集中居住在伊斯兰文化圈之中，而是分散在三个不同的文化圈中，具有明显的穿插过渡特征。[109]由图5.8可以看出，在全国范围内回族的宏观分布从东南到西北呈现为不规则的"T"字形。在全国56个民族中，分布如此广、数量如此众多的民族，除了汉族外就只有回族了[110]。

1. 西北地区回族聚落地域分布的历史变迁[111]

唐宋时期的回族先民，来华朝贡的大食商人、政治使团等，历史上称之为

"蕃客"，留居西北，当时"长安城内的蕃客多至四千余户"。[112]宋代，通过丝绸之路来到甘肃、陕西、宁夏等地的中亚、西亚商人也不少，当时来华的阿拉伯、波斯商人主要居住在中国的大中型城市，如长安（今西安）、甘肃河州（今临夏市）、宁夏固原以及乌鲁木齐等地。

图5.9 丝绸之路在固原线路图

元代从中亚、波斯、阿拉伯等地来的穆斯林商人、工匠、军士、农牧民中的相当一部分分散住于西北地区的广大乡村和城市。随着蒙古军西征的凯旋，"探马赤军，随地入社，与编民等"，说明有大量的回回军士被编入"探马赤军"，就地参加屯垦，促成了这一时期大量回族乡村聚落的形成，从而使回族聚落在甘肃、宁夏等地形成了"大分散、大集中"的分布格局。

清代前期，西北回族在西自洮河流域及"河西走廊"、东到渭河流域"八百里秦川"的广大地区，沿两河走向、呈带状分布的态势已十分明显，一条沿黄河流域在两岸可耕地区居住，一条沿古丝绸之路北道交通沿线居住。[113]

2.西海固地区回族人口特征

以固原为核心的西海固地区自古以来就是西北边陲要冲，塞上之咽喉，也是古丝绸之路上的重镇(图5.9)。西海固地区是宁夏回族先民的最早聚居之处，也是今天全国回族人口最为集中的地区。

早在唐、宋、西夏时期，宁夏地区就有大食、波斯及西域各国信仰伊斯兰教的回回先民的足迹。唐末，甘肃张掖、武威及宁夏灵武已有回族先民居住，"终唐之世，唯甘、凉、灵州有回族"。[114]西夏国曾建都于宁夏（1038～1227年），称兴庆府，又称中兴府，《甘青宁史略》记载："其散处碛西者，皆服属于蒙古。"❶有学者认为："唐兀（西夏）地方在未被元人征服之先已有回回的存在。"[115]有出土文物为证：固原南郊隋唐墓地出土的蓝色宝石印章上的文字被学者认为是古波斯文，意为"自由、繁荣、幸福"，从而证明了回回先民在固原地区的早期活动。

元代，在蒙古军队的三次西征过程中，大批被征服的中亚、西亚穆斯林被编为"探马赤军"，留在西北地区驻屯，随之又成为本地居民，从而使作为"探马赤军"的"回回军"成了宁夏回族人口的重要起源。"当时定居于宁夏的'回回军'有5万～7万人，加上他们的亲属共10万人左右，多数居住在黄河两岸至六盘山麓条件较好的地区内。"[116]《明史撒马儿罕传》记载："元时回回遍天下，居陕、甘、宁者尤众。"

明代回族演化为一个民族共同体，除元朝归明的部分"土达"（皈依伊斯兰教的蒙古人）外，朱元璋义子、明朝开国将领黔宁王沐英被钦赐武延川（西海固地区的西吉县境内）、撒都川等地草场六处，筑城沐家营（今西吉县城一带），留兰姓、马姓等十八户回民居住，后繁衍为本地望族。[117]沐府所辖的今西吉县城一带回族大量繁衍，穆斯林人口增加较快。《宣统固原州志·艺文志》：

❶《甘青宁史略》卷三

"……（固原）军民杂处，有回回、土达、河西西番、委兀儿、罗哩诸种族。"
这里将回族人口列为第一。又根据明代《万历固原州志》载：固原城内官兵有
10916 名，其中有"土达"1054 名，基本可以推断当时固原地区回族人口已经
占到相当的比例。这一时期西海固地区回族人口分布与元代相比，由原来的固
原、海原、彭阳三县，发展到固原、海原、西吉三县所辖区域，同时城乡分布
也发生了一些变化，由元代的以开城为代表的州、县城内及其附近区域，开始
转向以清真寺为中心的乡村聚落，杨郎、黄铎堡、硝河、沐家营、李旺、驼场、
兴隆、郑旗、单家集等回族村落的名字一直沿用至今。

清代是回族入居西海固地区的重要时期。清初，西北地区已经发展成为回
族的主要居住区。清同治年间，清政府镇压陕西、甘肃、宁夏回民起义后，对
回族群众进行强制迁徙，从而形成了今天以西海固为中心的陇东、宁夏南部山
区回族聚居区。

5.2 回汉文化融合下的宗教建筑

5.2.1 伊斯兰教礼仪、西海固地区教派与门宦

伊斯兰教是世界性的宗教之一，与佛教、基督教并称为世界三大宗教，中
国旧称大食法、大食教、天方教、清真教、回回教、回教、回回教门等。截
止到 2009 年底，世界约 68 亿的人口中，穆斯林总人数是 15.7 亿，分布在 204
个国家和地区，占全世界人口的 23%。

1. 伊斯兰教礼仪

伊斯兰教世界教派林立，各派穆斯林在具体的一些宗教礼仪上尽管有些差
别，但是总的信仰原则和基本的宗教礼仪却是一致的。

1）"六信"

伊斯兰教的基本信仰原则被概括为"六信"，即：信真主、信天使、信经典、
信先知、信前定、信后世。在这六大信仰中最重要的是崇拜真主，它是其他信
仰的前提和基础，是伊斯兰教信仰的核心，即"除安拉之外"别无主宰，"穆
罕默德是主的使者"，"信主独一"，反对多神论，不崇拜偶像。

2）"五功"

伊斯兰教的基本功修（基本宗教礼仪）有五项，简称"五功"，包括：念功、
礼功、斋功、课功、朝功。

（1）念，念者诵念"万物非主，唯有真主，穆罕默德，为其使者"的清真言。
清真言，阿拉伯语为"开里麦·太依白"（al-kalinmah al-Tayibah），是伊斯兰
教的核心信仰。伊斯兰教认为，伊玛尼（信仰）包括三大要素：口舌承认，内
心诚信，身体力行。念功就是这三者中最重要的具体体现，穆斯林通过出声地
念诵"清真言"，表白和坚定自己的伊斯兰信仰，这是作为穆斯林的一个最起
码的条件。

（2）礼，即是礼拜，阿拉伯文为"撒拉特"（Salat），波斯语称之为"乃玛孜"

（Namaz），伊斯兰教"五功"之一，中国穆斯林称之为"拜功"，是穆斯林面向麦加克尔白天房诵经、祈祷、跪拜等一整套宗教仪式的总称。

伊斯兰教的拜功种类较多，这里只涉及与宗教建筑关系密切的几种：①每日五次礼拜，又称为"五番拜"、"五时拜"。第一次为"晨礼"，阿拉伯语称"发吉尔"，波斯语称"邦布达"，由拂晓至日出前进行。第二次为"晌礼"，阿拉伯语称"祖合尔"，波斯语称为"撒失尼"，由正午太阳稍西偏，即由一物体的阴影达至原物体的两倍时进行。第三次为"晡礼"，阿拉伯语称"阿苏尔"，波斯语称"底盖尔"，太阳西偏至日落前进行。第四次为"昏礼"，阿拉伯语称"买俄利布"，波斯语称"沙目"，日落至晚霞消失前进行。最后一次为"宵礼"，阿拉伯语称"艾沙宜"，波斯语称"虎夫滩"，从晚霞消失至次日拂晓前进行。②主麻❶日聚礼，每星期五午后举行的集体礼拜，时间与"晌礼"相同。③节日会礼，即在开斋节、古尔邦节这两大节日所进行的集体礼拜。④殡礼，阿拉伯语称"者那则"，是为亡人举行的集体礼拜。

（3）斋，即斋戒，阿拉伯语称作"索姆"（Sawm），波斯语称作"肉孜"（Rozah），中国穆斯林称作"封斋"或"把斋"。伊斯兰教规定，每年教历九月（莱麦丹月），每个成年男女穆斯林都应斋戒一个月。斋戒期间，每日从天将破晓至日落时，禁饮食，禁房事，斋除一切邪念，纯洁思想，一心向主。伊斯兰教认为，通过斋戒可使人们学会节制，磨炼意志，清心寡欲，忍饥耐饿，防止罪恶发生，维护安宁的社会秩序。

（4）课，又称"天课"，阿拉伯语称"扎卡特"，意为"洁净"，即通过交纳"天课"可使自己的财产更为洁净。天课是伊斯兰教法定的施舍，即"奉主命而定"的宗教赋税，是伊斯兰教重要的经济制度。最初仅是作为一种自由施舍的慈善行为受到提倡，称作"散天课"或"施天课"。公元622年穆罕默德率众迁徙麦地那后，建立了最初的穆斯林政权。为维持政权生存，一方面要同麦加贵族进行军事斗争，另一方面也要安排好来自麦加的迁士们的生活，这就必须有足够的经费作基础。为解决这一问题，穆罕默德除以战利品补充一部分经费外，不得不依靠麦地那辅士的经济捐献。于是在公元623年规定，缴纳"扎卡特"。天课是穆斯林必须履行的"天命"，使这种早期自由施舍的善行成为了宗教课税和宗教义务，成为了一种经济制度。按照伊斯兰教规定，穆斯林每年将资财作一清算，除去正常开支所需外，其盈余的资财，包括动产和不动产，均按不同课率交纳：商品和现金纳1/40，农产品纳1/20，牲畜及矿产亦有不同税率。天课一般每年交纳一次。

（5）朝，即朝觐，阿拉伯语称"哈吉"，中国穆斯林称"朝功"，系穆斯林朝觐麦加克尔白天房的一系列宗教礼仪活动的总称。

2. 西海固地区的伊斯兰教派与门宦

教派（denomination/sect）学术界主流理论认为回族伊斯兰教可划分为四

---

❶ 主麻，为阿拉伯语的音译，意为"聚礼"，因穆斯林聚礼在星期五，故"主麻日"又被称作星期五。这一天的晌礼称作"主麻拜"。

大教派（格迪目、伊合瓦尼、赛莱非耶、西道堂）、四大门宦（虎夫耶、哲合忍耶、尕德忍耶、库布忍耶）。教派和门宦主要分布在回族聚居的西北的甘、宁、青、新等省区。[118]

门宦是伊斯兰教苏菲派及所属各支派在中国回族穆斯林中的通称。清初产生于西北的河州、循化等地，至清光绪二十三年（1897年），始有"门宦"一词出现。门宦派在信仰方面，除保留伊斯兰教信奉《古兰经》、"圣训"和"五功"等基本宗教习俗外，还崇拜教主，宣扬教主是引领穆斯林进入天堂的人，教徒须绝对服从。在教主墓地建立亭室，称"拱北"而加以崇拜。穆斯林要静坐参悟，念"迪克尔"（赞颂词）。在宗教组织形式上，盛行教主世袭制，教主不仅总揽宗教事务，还拥有一定的封建特权。[119]

西海固地区是中国伊斯兰教派和门宦的重要基地，主要教派和门宦有"格迪目"（老教）、"哲合忍耶"、"虎夫耶"、"尕德忍耶"、"赛莱非耶"、"伊合瓦尼"（新教），各个教派和门宦也都在当地拥有自己的礼拜场所——清真寺。如表5.3所示，根据教民多少建立清真寺，其中"虎夫耶"门宦最多达到751个，最少的"赛莱非耶"在西海固也拥有45个清真寺。西海固地区的伊斯兰教建筑（包括清真寺、拱北和道堂）十分丰富（表5.4），其中以海原县最多，达到681个，而最少的隆德县也有38个。这些宗教建筑在回族聚落中占有非常重要的地位，不但是所在聚落的精神中心、物质中心，拱北、道堂建筑还常常成为地区宗教中心，有些甚至是西北地区的宗教基地。

（1）"格迪目"在教义上遵循逊尼派正统信仰，虔守原有伊斯兰教职责和习俗，教权组织上以清真寺为中心，伊玛目❶由德高望重的教长或阿訇担任，海推布❷和穆安津❸管理教务，过去由学东、乡老管理寺务，现在由寺管会管理寺务。

（2）"哲合忍耶"又称为"高念"派，主张高声念诵记主赞圣的"迪克尔❹"词，除遵循伊斯兰教的正统信仰外，还崇信教主和重视门宦谱系，该派是西北伊斯兰教中影响最大的苏菲派门宦，由甘肃临夏人马明心于清朝时创立。

（3）"虎夫耶"又称为"低念"派，主张低声念诵记主的"迪克尔"词，诚信伊斯兰教的基本信条，笃信《古兰经》和"圣训"，教职员分为"穆勒师德"（得道者或导师）、"海里凡"（办道者）、"穆宦德"（寻道者）等三级，教主委任海里凡主持各地区教务，宁夏有洪门、鲜门、通贵等属虎夫耶门宦，虎夫耶与哲合忍耶、尕德忍耶、库布忍耶一起构成中国苏菲派四大门宦。

（4）"尕德忍耶"和虎夫耶、哲合忍耶主张教乘道乘兼修并重不同，它是较注重道乘修持的西北回族伊斯兰教中的一个苏菲派别，传入西海固地区的主要有九彩坪门宦、齐门门宦和明月堂门宦。

---

❶ 伊玛目，为阿拉伯语音译，意为领拜人，引申为学者、领袖、表率、礼拜主持人。

❷ 海推布，为阿拉伯语音译，意为"宣讲教义者"。

❸ 穆安津，为阿拉伯语音译，意为"宣礼员"，中国西北地区穆斯林称"玛津"，即清真寺里每天按时呼唤穆斯林做礼拜的人。

❹ 迪克尔，为阿拉伯语音译，意为伊斯兰教苏菲派赞颂安拉的宗教祷词和功修仪式。

（5）"伊合瓦尼"又称为"尊经派"，由甘肃临夏人马万福于清末民初创立，该派主张"一切回到《古兰经》区"，要求去除不符合教法的礼仪，按照伊斯兰教规举行宗教活动和礼仪，并重视经堂教育，正是在这一背景下，在20世纪30年代以虎嵩山为代表的伊合瓦尼派所创办的阿汉并重的经堂教育，对宁夏回族教育的发展起了一定的推动作用。

门宦派在信仰方面除保留伊斯兰教信奉《古兰经》、"圣训"等基本宗教习俗外，还崇拜教主，宣扬教主是引领穆斯林进入天堂的人，教徒对其要绝对服从，同时，在教主墓地建立亭室，称为"拱北"而加以崇拜。

图5.10 中亚蓝色宝石印章（引自：马建军《固原文物》2008年）

西海固各教派清真寺的数量及其分布（以县为单位，不包括盐池县）

单位：座 表5.3

	西吉	海原	固原	彭阳	泾源	隆德	同心	合计
虎夫耶	39	419	75	11	2	—	205	751
伊合瓦尼	95	157	116	49	9	1	177	604
哲合忍耶	247	22	83	35	21	15	48	471
格迪目	92	—	52	49	111	22	—	326
尕德忍耶	21	61	80	13	—	—	31	206
赛莱菲耶	10	22	11	—	—	—	2	45

资料来源：马宗保.伊斯兰教在西海固[M].宁夏人民出版社，2004.

西海固地区各教派宗教活动场所统计（包括清真寺、道堂、拱北） 表5.4

地区 ＼ 教派	格迪目	伊合瓦尼	赛莱菲耶	哲合忍耶	尕德忍耶	虎夫耶	合计
固原原州区	52	116	11	83	80	75	431
西吉	92	95	10	247	21	39	504
海原	0	157	22	22	61	419	681
彭阳	49	49	0	35	13	11	157
泾源	111	9	0	21	0	2	143
隆德	22	1	0	15	0	0	38
同心	0	177	2	48	31	205	564
合计	326	427	43	423	175	546	2518

资料来源：马宗保.伊斯兰教在西海固[M].宁夏人民出版社，2004.

5.2.2 伊斯兰教建筑的本土化

公元610年穆罕默德创立伊斯兰教后，随之迅速传播至阿拉伯半岛及亚洲西部地区，不久也开始传入中国。伊斯兰教传入中国的确切时间，学术界尚存争议，但普遍认同的观点是唐永徽二年（公元651年）第三任哈里发欧斯曼第一次遣使到长安，中国称之为"大食国"[1]，是伊斯兰教正式传入我国的开始。伊斯兰教信徒从那时起就开始在中国的土地上繁衍生息，早期这些穆斯林主要集中在广州、扬州、泉州、杭州、长安以及洛阳等地，被称为"蕃客"，后期他们开始与汉人通婚，养育儿女。穆斯林们坚持宗教信仰和风俗习惯，聚居在一起，史称"蕃坊"。蕃客们在他们聚居的地区兴建礼拜寺、墓庐、住屋等。

5.2.3 伊儒合璧的清真寺

伊斯兰教传入我国以后，先后有回、维吾尔、哈萨克、东乡、柯尔克孜、撒拉、塔吉克、乌孜别克、塔塔尔、保安等10个民族，约有近两千万人信仰伊斯兰教。伊斯兰教对这些民族的形成也有着不可估量的作用，并对其政治、经济、思想、文化产生了极为深远的影响。[120]

依据伊斯兰教教义，所有的穆斯林都必须信奉真主，都要做礼拜和进行其他的宗教活动。随着伊斯兰教在中国的传播和发展，穆斯林修筑了大量的伊斯兰教建筑，作为穆斯林最重要礼拜场所的清真寺尤其得到空前的发展。中国清真寺建筑依据伊斯兰教义的规定和原则确立功能与布局，同时与中国传统木构建筑技术、工艺逐步结合，形成了中国清真寺建筑独特的艺术风貌，走上了伊斯兰教建筑本土化的道路。

"伊儒合璧"来自孙俊萍[2]的专著《伊儒合璧的回族哲学思想》，书中对此概念并无直接的解释和阐述，根据概述部分的论述和字面意思我们可以将其理解为：伊斯兰教教旨和中国传统思想占主导地位的儒家学说相结合的现象。清真寺作为回族哲学思想和回族文化的重要物质载体，自然是伊斯兰教教义与中国传统建筑文化相结合的产物。

作为伊斯兰教建筑典型代表的清真寺在中国本土化的过程，根据邱玉兰的观点，经历了移植时期、形成时期、高潮时期、停滞时期四个发展阶段。移植时期的代表建筑有广州的怀圣寺，清真寺的总体布局不强调轴线的严格对称，建筑材料也主要为砖、石，与同期的中国传统木构建筑完全不同。形成时期（宋末元初至元末明初），这一时期的清真寺在形制和外观造型上还保留着某些阿拉伯建筑的形制和做法，同时开始吸收中国传统建筑的布局手法及木构架建筑体系，采用纵深式院落组织各个单体建筑，初步形成了中国特有的清真寺建筑形制。高潮时期（明初至鸦片战争），这一时期回回民族形成，伊斯兰教建筑广布全国，清真寺建筑已经完成了其本土化的历程，平面布局均以礼拜大殿为中心，采用纵深式院落形制，最为典型的实例是西安化觉巷清真寺，在窄长的地段布置了五重院落（图5.11），所有单体建筑均采用传统木构架形制，而建筑装饰则体现了伊斯兰建筑装饰与中国传统建筑装饰的完美交融。

1.清真寺的选址

选址，也就是建筑物建造基址、建造环境的选择。"理想的基址取决于一

---

[1] 《旧唐书》卷一九八《大食国传》
[2] 孙俊萍.伊儒合璧的回族哲学思想[M].宁夏人民出版社，2008：9.

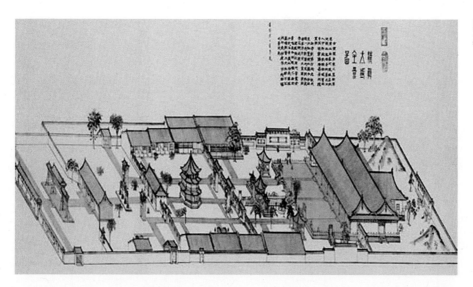

图 5.11　西安化觉巷清
真寺鸟瞰图（网络资料）

族的目标、理想、价值观和他们的时代，一个'好'基址——不论是湖、是河、是山、是岸——根据文化来定义和解释。"[121] 故清真寺的基址选择有着较为严格而又约定俗成的特点，用来体现教义规定和现实条件的契合。

1）宗教思想对选址的要求

清真寺的选址，是与伊斯兰教的两世观分不开的。两世是指现世和后世，现世是人们生活于其中的物质世界，后世是指人逝世后所要到达的彼岸。伊斯兰教主张两世并重，立足现世，同时后世要得到好的归宿，现世必须多做好事、善事。例如穆斯林的基本义务：念、礼、斋、课、朝五大天命，是现世必须要做的，后世要清算这些义务做了还是没做。我国穆斯林社会流行"两世吉庆"说，就是说两世都要好才算是一个完美的穆斯林。[122] 这种宗教思想就要求穆斯林参加每日五次的礼拜、每周五的聚礼及盛大节日的会礼等，而这所有的宗教活动每一个都少不了清真寺。因此，清真寺必须建在邻近穆斯林居住的地方，而且要交通方便，容易到达。这种选址方式体现了伊斯兰教的入世精神以及伊斯兰教义中对于社会生活积极参与的态度。

2）清真寺的职能对选址的要求

宁夏境内的三千多座清真寺无一远离穆斯林聚居区，作为全国最大的回族聚居区的西海固地区，清真寺如社会细胞，比比皆是（图 5.12）。这是由清真寺社会职能的多样化所决定的：

（1）清真寺是宣传伊斯兰教义的地方，远离信教群众就达不到宣传的目的，清真寺就失去了它的重要功能。在 11 世纪前，伊斯兰世界未形成正规学校，清真寺就是一所学校。清真寺的阿訇经常要给初学伊斯兰教义的学生教授经典知识以及诵读《古兰经》。

（2）穆斯林的婚丧嫁娶都离不开清真寺。按照伊斯兰教的规定，每一对穆斯林新人一定要到清真寺请阿訇念"尼卡哈"❶，婚姻才是真实合法的。穆斯林

---

❶ 尼卡哈，为阿拉伯语的音译，原意为"结婚"、"婚礼"。阿訇当众念"尼卡哈"是回族婚礼仪式之一。

图 5.12 西海固地区清
真寺分布密度示意图

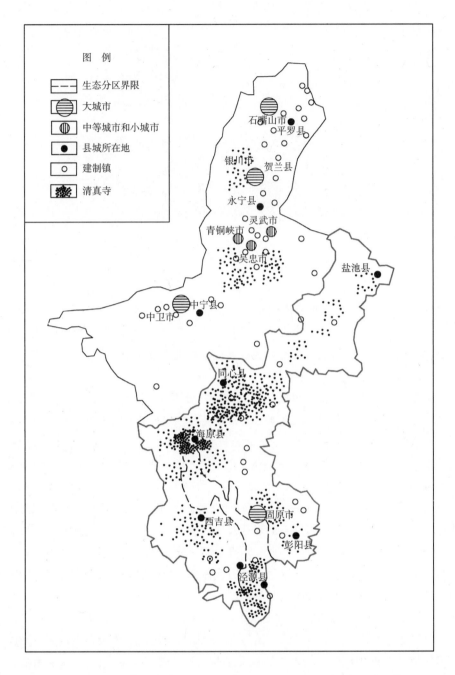

逝世后，要把"埋体"❶ 送到清真寺，将"埋体"洗净后，穿"卡凡"❷，站"者
那则"❸ 后才可入土。

（3）穆斯林家庭经常要念"亥听"❹。家里有了喜事或纪念亡人时，需要去
清真寺请阿訇。婴儿出生，也要请清真寺的阿訇为婴儿取经名。

————————————

❶ 埋体，为阿拉伯语的音译，意为"遗体"、"亡人"，引申为"尸体"。

❷ 卡凡，为阿拉伯语的音译，又译为"卡番"、"客凡"，意为"裹尸布"。穆斯林去世后不装棺材，而用白布
裹尸下葬。

❸ 者那则，为阿拉伯语的音译，意为"殡礼"。回族穆斯林去世后，众人要为其举行站"者那则"仪式。

❹ 亥听，为阿拉伯语的音译，又译为"亥帖""赫听"。其原意为"封印古兰"，引申为通读古兰经。

（4）清真寺在聚落中是居民重要的交往空间。每天五次的礼拜、每周五（主麻日）的聚礼、各种尔麦里的会礼等重要的宗教仪式都在清真寺进行。

为了便于礼拜和进行宗教活动，回族清真寺多建在教民聚居的中心位置。在城市中，多建在主要街道或交通便利之处，而在回族村镇中，则多建于村头风景优美的高岗上。

西海固地区清真寺的规模依据信教群众的人数来确定，一般 50 户以下的聚落建小寺，百户以下者建中等寺，百户以上者建大寺。拥有较大的清真寺的聚落一般人口多达数百户，如同心县韦州大寺（始建于明洪武年间，1979 年重建）、吴忠市的秦坝关寺（创建于明代，1979 年重建）、西吉县的北大寺（创建于 1941 年，1985 年重建）、固原县的三营大寺，礼拜大殿可容纳千余人。清真寺的建造、维修，大都由穆斯林捐资筹建。由于集镇区人口密度较大，寺坊的规模也大，教民最多的达到了 1609 人（表 5.5）；由于山地沟壑区人口稀少，居住分散，相应的寺坊的规模也比较小，最少的仅有 239 人（表 5.6）。例如同心清真大寺就建在城南的高地之上。在许多地区，如固原、海原、西吉、同心、吴忠、银川等回族人口密度较大的地区，则几乎不受地形的局限，几乎每条街巷都有清真寺，有的甚至一条街道就有几座清真寺。宁夏隆德县城就有清真寺几十座，同心全县共有清真寺 600 座之多。表 5.7 只是列出了县城部分清真寺的状况，在县城的东、南、西、北四个方向均有大量清真寺，由此说明，在人口稠密的县城，清真寺的密度也随之增大，一个寺坊的人数也比较多，最多的北寺教民达到 2000 人。

西海固集镇区的清真寺数量与寺坊规模　　　　　　　　　　表 5.5

	清真寺数量（座）	教民人数（人）	寺坊平均人口规模（人）
西吉县城郊乡	9	8378	931
西吉县城关镇	6	6216	1036
海原县海城镇	24	21311	888
同心县同心镇	16	25751	1609
泾源县白面镇	21	12677	604

资料来源：根据马宗保著《伊斯兰教在西海固》中相关图表绘制。

西海固山地沟壑区清真寺数量与寺坊规模（以海原、同心为例）　　　表 5.6

		清真寺数量（座）	教民人数（人）	寺坊平均人口规模（人）
海原县	罗川乡	33	7898	239
	史店乡	48	13257	276
	曹洼乡	26	7831	301
	郑旗乡	75	17897	239
同心县	马高庄乡	38	14753	384
	羊路乡	37	13863	375
	纪家乡	34	11312	333

资料来源：根据马宗保著《伊斯兰教在西海固》中相关图表绘制。

教派	清真寺	教徒数目（人）	建立时间	位置
伊合瓦尼	老大寺	1000	明初	东南
	小寺	500	1995	南
	果园寺	—	1998	东
	大东寺	—	1998	东
	园艺寺	300	1981	东北
	伊光寺	600	1988	北
	东寺	1000	1985	东
虎夫耶	老南寺	1500	1985	西
	怀恩寺	650	1987	西南
	阿印克寺	—	1997	东北
	月泉寺	500	1994	东
	桥南寺	—	1998	东南
	北寺	2000	1981	北
哲合忍耶	中寺	1000	1982	东南
孕德忍耶	东清寺	300	1989	东北
赛莱菲耶	中心寺	—	1999	西

资料来源：李鸣骥，石培基，马建生 . 西部回族集聚区城镇空间结构特征分析——以宁夏南部地区同心县城为例 . 城市规划，2000，24（6）.

2. 清真寺的组成

清真寺的社会职能多样化是它的重要特点之一，正是由于清真寺的宗教职能和社会职能是多元化的，它的构成也是由许多功能不同的单体建筑组合在一起的，形成了较庞大的建筑群。

西海固地区清真寺主要包括门前的照壁、大门（有时与邦克楼或望月楼相结合），穆斯林进行礼拜和各种宗教活动的礼拜大殿，为礼拜服务的邦克楼、望月楼、讲经堂、沐浴室，阿訇办公和生活起居用房，寺管会办公室、客舍、接待室、灶房以及斋月共同进餐的食堂，杂物、卫厕等辅助建筑（图 5.13）。

3. 清真寺的建筑形制与院落空间

1）伊斯兰教教义对清真寺形制的影响

清真寺在成为一种新的建筑现象之初，仅仅是履行礼拜职能的场所。平面格局大体为一个方正的庭院，三面有回廊环绕，另一面则布设柱列。[123] 由于伊斯兰教教义规定，信徒礼拜的方向必须朝向圣地麦加的克尔白（即天房），在位于麦加东部的我国，境内所有清真寺的礼拜大殿一律坐西朝东，所以清真寺建筑群与汉传佛教、道教建筑的南北轴线不同，通常采用东西向轴线。建筑群内部空间序列沿轴线由东向西展开，主轴线上通常布置有：照壁、牌坊、大门、礼拜大殿等重要建筑，邦克楼偶尔也会布置在这条轴线之上，东西向轴线两侧辅助房间中，坐北朝南的房间设为讲堂、阿訇办公室等，坐南朝北的有的

照壁   大门   礼拜大殿

邦克楼   沐浴室   厢房

图 5.13　清真寺的主要建筑

会设沐浴室、会议室、贮藏间，也有设置餐厅的（图 5.14）。院落空间较大的时候可以布置水池、花坛等，体现出了传统园林的一些布局特色。

2）传统院落式建筑布局的影响

中国伊斯兰教建筑与传统的院落建筑群在外部空间处理上有着共同之处，一般都是合院的形式，对内空间开敞通透，对外相对封闭。在这组建筑群当中，由单体建筑所围合的院落及天井空间则占有非常重要的地位。建筑群以轴线展开，主次分明，进退有度，创造了许多有层次的空间序列和清静美观的空间环境。

西海固地区清真寺一般采用传统的合院式布局，礼拜大殿是其中最重要的建筑，整座寺院的规划布局也都是围绕礼拜大殿这个主体建筑进行配置的。礼拜大殿位于院落的西部，礼拜大殿前两侧为南北厢房（南为沐浴室，北为教长室、经堂），寺门正对大殿，中以甬道相连，大门、二门、邦克楼、沐浴室、讲经堂等建筑

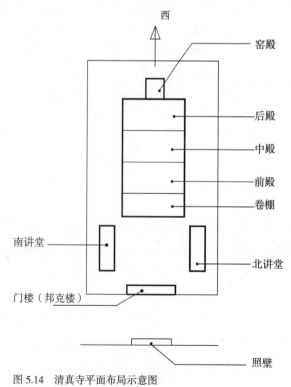

图 5.14　清真寺平面布局示意图

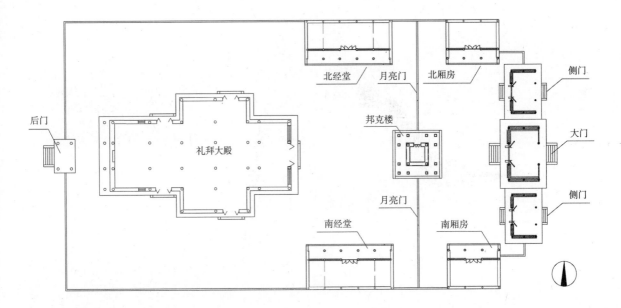

图中标注：后门、礼拜大殿、北经堂、月亮门、北厢房、侧门、邦克楼、大门、侧门、南经堂、月亮门、南厢房

图 5.15　同心韦州清真寺总平面复原想象图

齐全。由于清真寺的选址常常在闹市区，因此平面布局根据道路、朝向等要素进行，使得内部空间常常丰富多变。围合院落的建筑组群具有明确的主轴线，轴线两侧建筑布局较为自由。在用地面积不紧张，或用地虽不大但比较规整的情况下，一般都有通过圣龛西部墙体中点的东西向的轴线，在院落布局上进一步强调圣龛的重要地位。同心韦州清真寺总体布局分为两进院落（图5.15），第一进较小，空间局促，以较高大的邦克楼作为视觉中心，使得邦克楼成为了整体空间布局中的第一个高潮；通过邦克楼两侧的月亮门进入第二进院落时在两侧较低的厢房的映衬下，礼拜大殿再次成为了这一进院落的高潮，同时较庞大的体量也使得全寺的重心落在了这里，很自然地将礼拜大殿的主体地位再次突出。

4. 礼拜大殿的空间特征

清真寺建筑群中最重要的单体建筑就是全寺的中心——礼拜大殿。西海固地区清真寺礼拜大殿具有丰富多变的平面和空间。

1）传统木构结构支撑下的平面多样性

在我国，由于传统哲学的影响，等级制度的限制，房屋开间最多不过几间（太和殿十一间为例外），建筑因面宽受限，只能向纵深发展，而木构架体系一般不超过十一檩，因此，沿纵深发展对一个单元体来说也是有限的。礼拜大殿初建时，一般都是由卷棚敞厅式前殿、殿式拜殿及后窑殿各一单元相连，形成较为固定的平面形制，三个单元各司其职。由于我国传统建筑单体都相对独立，接建时只把相邻单元的屋顶用天沟连起，形成"勾连搭"❶即（图5.16a）可，甚至不影响正常使用，技术上方便易行。这样的不断扩建就使得礼拜大殿的建筑平面和空间形态具有了丰富多变的灵活性。[124]

❶ 勾连搭：中国古建筑名词，即古建筑中两栋或两栋以上的房屋沿进深方向前后相连，在屋顶的连接处做一水平天沟向两边排水的屋面做法，其目的是扩大建筑室内空间，常见于传统风格的清真寺建筑中。

图 5.16a　同心王团南大寺礼拜大殿的勾连搭屋面　　　　　　　图 5.16b　同心王团南大寺礼拜大殿平面图

　　王团南大寺礼拜大殿坐西朝东（图 5.16b），平面呈十字形，面阔三间，进深六架椽，由卷轩、礼拜殿、后窑殿、圣龛等四部分组成，东西长 30.98m，南北最宽处（礼拜殿）18.33m，最窄处（卷轩与后窑殿）14.63m。正面卷轩前南北两侧均设斜出的短墙，呈八字形，并设踏步一阶。礼拜仪式由大殿的卷轩部分开始——脱鞋，等候，接着进入礼拜殿、后窑殿，最后至礼拜中心——圣龛，空间序列层层展开，收—放—收的处理手法使得礼拜的宗教氛围不断得到升华，直指圣龛，使得室内空间感受达到高潮。

　　2）丰富多变纵向空间

　　清真寺大殿的主要功能是礼拜的场所，而同时无偶像崇拜禁则使得礼拜大殿的空间比道教、佛教的大殿要开敞、通透许多，空间环境同伊斯兰教所倡导的和平、平等、仁爱的精神完全一致。礼拜大殿空间规模的拓展方式也不同于传统建筑的增加单体建筑数量，而是充分利用木构架建筑结构的特点在原址上不断扩建，从而使得空间得到无限的延展。

　　明清的清真寺后窑殿在屋顶上加建各种形状的亭楼建筑，例如西安北广济街清真寺的后窑殿即为六角的亭楼式建筑（图 5.17a）。西海固地区清真寺仅有泾源县的余羊清真寺一例采用亭式后窑殿这种方式突出后窑殿（图 5.17b）。最常见的是在后窑殿位置将屋顶的高度升起，使后窑殿的屋顶成为侧立面的视觉中心。同心清真大寺的后窑殿是通过层层减小的开间而将人的视线引向一个狭小的圣龛，并且将大殿内其他窗户都用窗帘遮挡，唯独留下后窑殿部分的窗户照亮大殿的尽头——圣龛。由于教民一天五次礼拜，使得大殿内不得不设置一些照明设施，为礼拜服务的各式各样的吊灯、日光灯，甚至还有夏天用的吊扇等器具，都明显地将清真寺同人的日常生活的距离拉近了，伊斯兰教的"入世"思想进一步得到了体现。

图 5.17a　西安北关广济街清真寺　　图 5.17b　泾源县余羊清真寺亭式后窑殿

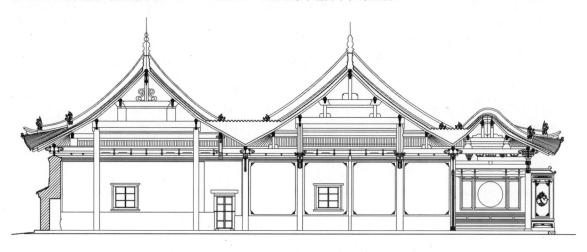

图 5.18　同心清真大寺礼拜大殿纵剖面中的"减柱造"、"移柱造"

3）减柱造与移柱造技术优化了木构架的室内空间

同心清真大寺礼拜大殿规模宏大，屋顶采用二脊一卷勾连搭形式，殿前卷棚南北两侧加建八字墙，前卷轩檐柱间加透雕的木挂落。礼拜殿、后窑殿均为单檐歇山顶，大殿总高 11.2m，明间面阔 3.87m，次间面阔 3.55m，稍间面阔 1.85m。大殿梁架为彻上明造，有金柱 10 根。运用了元代常见的"减柱造"和"移柱造"的做法（图 5.18），将殿内金柱减少了四根，并将其向左右推移，构成四根金柱上承两槫屋架，柱上双重内额如杠杆一样承托屋架的垂柱，组成简洁、合理的承重体系。减柱造与移柱造技术的应用改变了木构架建筑室内空间由于柱网稠密而遮挡视线的弊端，创造了更为开阔而视线流畅的大殿礼拜空间。

5.2.4　中国化的拱北与道堂

1. 拱北

拱北在中国内地主要指伊斯兰教苏菲学派的传教士，各门宦的始祖、道祖、先贤等的陵墓建筑或建筑群。拱北的建造始于清代乾隆、嘉庆年间，主体建筑墓庐是阿拉伯的穹顶与中国传统木构建筑的攒尖顶相结合的盔顶形式，其他辅助建筑，如礼拜殿、诵经堂以及其他居室等建筑多为卷棚、歇山、硬山等中国传统木构建筑的屋顶形式。拱北建筑装饰更是采用了中国传统建筑彩绘和砖雕技法镌刻《古兰经》文、植物花卉以及传统道教、儒家寺庙常用的装饰主题[125]。

1）总平面的传统院落布局形制

拱北建筑群的总体布局呈现由简至繁，由单一墓庐发展为空间宏大的建筑群体的趋势。早期建在东南沿海的唐宋时期的拱北，保留了阿拉伯传统建筑形制，地面墓室建筑为正方形，呈穹隆形过渡，上覆半圆形拱顶，无复杂装饰，简单、朴素。

到了明清时期，拱北建筑群无论总体布局还是殿、厅、亭等的建筑形制，已融合了中国传统的前堂后寝的陵墓制度而趋于成熟，在东西向主轴线上布置墓庐、牌楼、礼拜殿、厅、照壁、亭等主体建筑，讲堂、阿訇住房、沐浴房等对称置于轴线两侧，辅以中国传统园林式的绿化景观设计，达到了建筑与环境的和谐统一。

固原二十里铺拱北位于固原市原州区开城镇二十里铺村，是尕德忍耶门宦的重要拱北之一。"尕德忍耶"，阿拉伯语音译，意为"大能者"。12世纪为波斯（伊朗）人阿卜都拉·卡迪尔·吉拉尼（1078～1166）所创，盛行于阿拉伯和中亚地区，是苏菲派中比较大的团体。据研究表明尕德忍耶门宦在固原、海原、彭阳的教众在宗教信仰文化上与儒释道的汉文化融合程度较深[126]，这使得二十里铺拱北是当地唯一的汉族群众信仰祭祀的伊斯兰宗教场所……[127]拱北建筑群位于清水河东岸的山坡上，建筑群依山而建，错落有致。从总平面图（图5.19）上看，整个建筑群坐北朝南，布局完整、有序。自西向东分三个

图 5.19　固原二十里铺拱北总平面图（根据刘致平《中国伊斯兰教建筑》插图清绘）

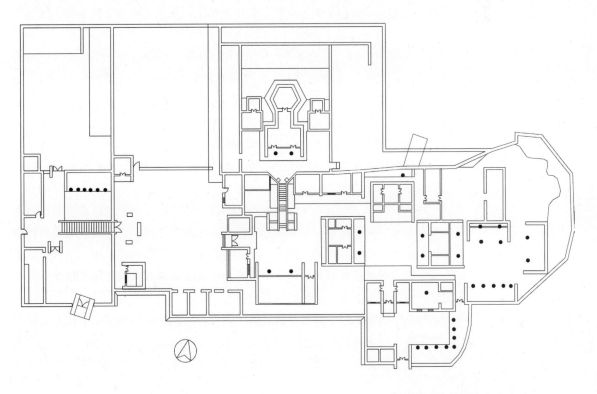

远景

石牌楼

静心堂

八卦墓庐

大门

图 5.20　固原二十里铺拱北

区域，拱北入口的西北角是坐西朝东的重檐歇山顶的清真寺礼拜大殿。从朝西歇山顶大门进入，是一段缓坡走廊，顺着走廊向东，进入一个小庭院转向南，通过三开间的门洞（对面是一个三开间的照壁），拾阶而上达二层平台，由内门进入拱北院落，主体建筑为坐北朝南的卷棚歇山琉璃屋顶的"静心堂"，面阔七间，副阶周匝。与"静心堂"北部相连的是一座单檐六角盝顶琉璃瓦屋面的八卦墓庐，是整个拱北建筑群的立面构图中心（图 5.20）。

2）传统木构建筑屋顶——盝顶的传承与发展

中国西北伊斯兰教苏菲学派各门宦在其创传人、道祖的坟墓上建造的拱北，规模都很大，多由数个院落组成，有主体的墓祠院，也有为参拜人居住的客房院，还有礼拜殿、阿訇住宅及杂物院等，形成宏大的建筑组群。在墓祠前置礼拜殿，前堂多用卷棚顶，后寝则用攒尖顶，比较简单的用六角或正方形单层攒尖顶，大型的拱北则采用一层、二层或三层的六角形、八角形重檐塔楼，使用彩绘、雕刻等手法加以精心雕琢。这是中国穆斯林采用中国传统木构建筑的表现形式对伊斯兰教陵墓建筑的一种创造。

九彩坪拱北位于宁夏海原县九彩乡九彩坪村的屹塔山颠上，是伊斯兰教尕德忍耶门宦第七辈杨道祖和第五辈冯道祖及安老真师杨枝荣等人传播伊斯兰教的基地。尕德忍耶门宦在它的长期发展过程中，受中国传统文化影响较深，常引用儒学、老子和庄子哲学思想阐述《古兰经》、圣训和苏菲教义。与其他苏菲派有着明显的区别。尕德忍耶属于逊尼派的哈乃斐学派，主张"先有道，后有教"，认为"教"是世俗的东西，由穆罕默德的生平语言所构成，而"道"则是超然的、非创造的亘古永存的，为了求"道"，只有隔断夫妻恩爱，抛弃家庭温暖，脱离现实生活，云游四方，访名师、苦修、苦练，参禅悟道，认为修道者只有通过参悟静修才能达到近主认主的目的。[128]

九彩坪拱北建筑群分为山顶拱北区、七祖静室道堂区、山下拱北礼拜区、堡子区女客住宿区、山洼绿化区、加工及其他区六个部分，占地面积约25亩。山顶拱北区建筑群坐北朝南，呈三进院落布局，入口为一组三个影壁，中间高大，两侧矮小，两侧小影壁处各辟一拱形门洞。由拱门进入则是一狭小院落，将人的视线压低，沿中轴线穿过甬道，进入第二进院落，东西两侧为偏厅。穿过尖拱形券门，便进入了第三进院落，与中和堂相连的三座拱北墓庐，中间高大，两侧低矮，居于院落的中央。中和堂主体建筑和两侧附属建筑均面阔三间，卷棚顶，中间三间凸出，两侧各三间向北退让，屋顶也为中部高大、两侧低矮，以此凸显墓庐主人身份的等级差别。

与中和堂主体建筑相连的八卦亭墓庐是尕德忍耶门宦第七辈杨保元道祖之墓，平面为六边形，上覆盔顶。盔顶是中国传统建筑的屋顶形式，多用于碑、亭等礼仪性建筑，其特征是没有正脊，各垂脊交会于屋顶正中，即宝顶。在这一点上，盔顶和攒尖顶相同，所不同的是，盔顶的斜坡和垂脊上半部向外凸，下半部向内凹，断面如弓，呈头盔状。墓庐内是四方底座、圆拱顶。这种外表亭式、内置穹隆顶的建筑形制既运用了伊斯兰风格的四方体圆拱顶的建筑特色，又继承了中国传统建筑的风格，它是回族对中国传统陵墓建筑的一个新的创造。

3）传统建筑装饰手法——砖雕的传承与发展

拱北建筑群的砖雕装饰更是体现了伊斯兰教教义与中国儒家、道家文化的完美统一。拱北砖雕工艺均以青砖为料，用刻刀雕镂成主题图案，砖雕艺术造型多用隐喻、象征、借比等手法，援引《古兰经》、圣训等经典故事、传说，同时还有浓厚的儒家、道家色彩，运用阴阳鱼、莲花、竹子、兽头、吉祥物等典型的儒家装饰主题，同时还借用了中国工笔画风格的花鸟、山水画的图案等（图5.21）。[129] 砖雕装饰主要用在拱北建筑群的影壁、门楼、山墙、墀头、山

图5.21　九彩坪拱北砖雕组图

花和墓庐的外墙壁等位置[130]。九彩坪拱北入口的中门左壁为砖雕牡丹，右壁为砖雕海莲花；背面为海水朝阳、月照松林砖雕图案；山门两侧是墓室；八卦亭墓庐立面采用三段式，底部采用砖雕基座，中部左右各有一圆形窗，其图案由阿拉伯文字组成；窗上方四周有吊垂牙子板、如意彩、飞橼、滴水、琉璃瓦等构件。顶部为盔顶，上置宝瓶、新月。

2. 道堂

道堂是苏菲主义各门宦"穆勒什德"静修传道、管理教民的场所，汉语称为静室或静房，阿拉伯语称为"哈尼卡"或"扎维亚"，多是偏僻简陋的暗室或静房，后来随着苏菲主义的世俗化，道堂的性质也就发生了变化，成为门宦的传教中心。

西北各苏菲门宦根据自己的影响力大小和经济实力，建有规模不一的道堂。道堂不仅是教众做礼拜、学教义、讲经布道的地方，而且也是教主管理教务和世俗事务的所在地。道堂建筑一般由拱北（陵墓）、静修室、讲经堂、藏经亭以及附设的清真寺建筑组成[131]，建筑平面布局大多继承了中国传统殿堂建筑风格。

1）道堂的布局与空间

道堂多为中国传统庭院式布局，建筑风格多种多样、规模不一。有的门宦中，道堂是拱北建筑群的一个组成部分，有的门宦道堂和拱北是融为一体的。拱北和道堂的修建，是西北门宦的主要宗教特征，是西北回族重要的文化遗存[132]，在西北回族的社会、政治、经济、宗教中具有一定的意义和用途。其设计思想、总体布局、艺术造型、美术装饰、书法绘画凝聚了回族的民族意识、宗教信仰和心理素质，也反映了回族在建筑艺术方面的技术水平及民族特色。

尕德忍耶门宦的九彩坪道堂这一分支系统在宁夏共有120多个"寺坊"。有拱北近20处，主要的除九彩坪拱北外，还有固原市的二十里铺拱北、饮马河拱北，西吉县的黑窑拱北、甘石拱北、马莲湾拱北、马家西沟拱北，彭阳县的古城拱北、海原县的三百户拱北、黄河湾拱北、宜毛洞拱北、三岔河拱北，在甘肃则有平凉市的安国镇拱北等。[133]九彩坪道堂位于宁夏海原县九彩乡九彩坪村的疙瘩山下平地，是拱北建筑群的七祖静室道堂区。

道堂占地面积不大，院落被砖雕带顶的围墙围住，入口辟三个尖拱大门，中间较之两侧高大，亦为砖雕带绿色琉璃瓦屋顶，屋檐起翘高，施四攒斗栱，中间的一攒体量较大，是典型的水泥雕作品。两侧小门则设三个开间，檐下不施斗栱。由右侧小门入内院，正中便是主体建筑道厅（图5.22a），道厅为单檐歇山顶五开间木构建筑。明间出台基做成有栏杆的坡道，各柱间均设木雕挂落，雕刻主题是中国传统文化中的吉祥之物——龙、凤。屋顶亦与入口屋顶色彩一致，为绿色琉璃瓦，屋檐舒展，翼角处起翘高，屋檐正脊正中处设梅花、宝瓶及寿字、新月装饰。檐下装饰主要色彩为黄色。

2）道堂的装饰与装修

道堂的装饰与装修与拱北建筑一样体现了更多回汉文化融合的痕迹。装饰图案借用了较多的中国传统文化的符号，甚至使用了伊斯兰教所禁忌的动物形

图 5.22a　九彩坪道堂道厅　　　　　　　　图 5.22b　九彩坪道堂门前石狮

象——不仅借用某些其他文化符号，甚至于还较多地使用通常被认为是穆斯林禁忌的文化符号，例如动物图像。而在九彩坪道堂院内院外的建筑物的各种雕刻与装饰上，动物的形象比比皆是。石狮——道堂堡子大门前有一对石狮威风凛凛（图 5.22b）。中国传统文化中的虚拟动物——麒麟，常常用来表达吉祥如意的龙、凤，表达长寿、吉庆的蝙蝠、喜鹊、梅花鹿等动物的形象也常常出现在拱北、道堂建筑的砖雕装饰中。道堂室内陈设的对联也是中国传统哲学思想的体现："一尘不染明清净，万缘脱去见真机。"

5.3　回汉文化融合下的回族聚落

聚落既是一种物质形态的建筑群体，也是一种组织形态的社会制度，这种制度源于当地居民共同具有的一整套复杂的信念和仪式，反映了当地的社会文化。不同的民族对理想生存环境有着不同的观念，并经由聚落的空间组织方式得以明确表达。西海固地区伊斯兰教盛行，回族在宗教建筑上倾注了大量心血，不惜耗费巨资去营建宗教建筑，因此，每个村子都有清真寺，而门宦或教派的传教中心所在的村落往往除了清真寺还有拱北、道堂等建筑，这些宗教建筑无论从形制、规格还是装饰的华丽程度上都远远超过清真寺，这时候，拱北、道堂不但是所在村落的宗教中心，还有可能是整个门宦、教派区域的精神中心，很多甚至是跨省的宗教精神中心。

5.3.1　回族聚落的"寺坊"形态

寺坊，回族人把自己的以清真寺为中心的聚居区称为"哲玛尔提"，这是阿拉伯语的音译，意思是"聚集、集体、团结、共同体"等，意译为"寺坊"。寺坊是回族社会的基层宗教社区，除具有普通社区的特征外，更多地依靠共同宗教文化的维系。[134] 寺坊是以宗教作为纽带的回族社区，是典型的教缘型聚落。

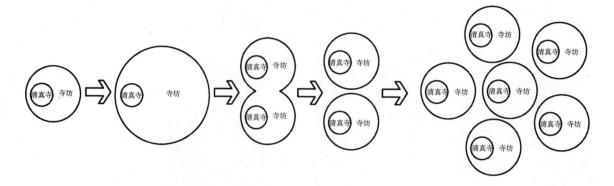

图 5.23　回族寺坊发展变化示意图

1."寺坊"的要素与功能

"寺坊"的概念来源于唐宋时期的"蕃坊"，是回族的集体意识与居住形态最直接的物质载体，它是一群具有共同文化特征、相同的人生价值观、相同的心理素质的回族个体聚拢在一起共同居住、生活、生产的特定空间区域。

"寺坊"的构成要素是：①回族以一定的血缘关系、地缘关系或者业缘关系为纽带和基础被组织起来，生活在共同的地域空间；②以教缘关系聚居在一起，具有共同的信仰、文化、社会行为规范和生活方式的回族群体；③至少具有一座清真寺，也有一坊多寺的情况。根据"寺坊"的构成要素不难看出"寺坊"的功能：①回族个体的聚集空间；②以清真寺为中心，通过聚居的方式传承伊斯兰文化和回族风俗；③规范回族个体、群体的社会行为与生活方式。寺坊是一个不断发展变化的区域，这个区域在开始的时候以一座清真寺为精神中心，当寺坊人口不断增加时，需要的礼拜空间不断增加，于是清真寺不断扩建；而当清真寺的扩建也不能满足礼拜需求（包括空间、距离上的需求）时，寺坊开始分化，或在周围远离原有清真寺的位置增加一座新的清真寺来满足礼拜和生活需求，这时新的寺坊开始形成，依次类推，大片的连续的多个寺坊逐渐诞生，这正是西海固某些地区回族人口"大聚居"的原因（图 5.23）。

2."寺坊"的类型

"寺坊"的大小不一，从人口规模看，大的上千人，小的一般也有200～300人，据不完全统计，目前我国有"寺坊"20000多个，其中西北地区占了一半以上，宁夏地区有回坊4000多个。中国的回族人口就是分布在这些大小不同的"寺坊"中。由于中国回族聚居、杂居、散居等不同的居住模式和我国地理环境、人文环境类型多样的缘故，根据不同的地形、地貌及地理空间特征，可以分为平原型、山地型、丘陵型、高原型和盆地型等五种类型。根据教派不同也能分为单一教派寺坊、多教派混合寺坊。西北地区由于伊斯兰苏菲派的广泛传播，又有不同门宦、教派的"寺坊"，也都各不相同。[135]

3."寺坊"的空间与边界

"寺坊"是以"清真寺"为中心，回族个体"向寺而居"，形成的由清真寺和回族民居等建筑群围合而成的聚落空间。其中，"寺"是聚落的核心和标

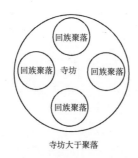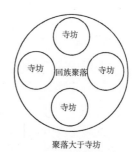

图 5.24　寺坊与回族聚落关系图

寺坊与聚落重合　　　　　寺坊大于聚落　　　　　聚落大于寺坊

志，"坊"是向寺居住的回族民居单元、公共设施以及绿化空间。从空间角度讲，"寺坊"的边界可以是聚落的边界；由于"寺坊"在地理上的广延性和文化上的内敛性（马宗保），其边界有可能打破聚落空间的边界。例如散居在汉族村落里的回族家庭，可能居住在远离聚落的区域，从地理上是归属于某一汉族村落，但心理上则往往从属于一个邻近的"寺坊"，从而表现出"寺坊"地理上的广延性。文化上的内敛性则表现为居住在"寺坊"的汉族家庭，虽然处于聚落空间内部，但从文化上、心理上却不属于该"寺坊"。西海固地区的每一个穆斯林都归属于某个具体的寺坊，寺坊与清真寺、回族聚落通常都有紧密联系，实际情况是，寺坊与回族聚落的组合关系常常有多种表现（图 5.24）：①寺坊与聚落重合；②寺坊跨越聚落，范围大于自然村甚至行政村的概念；③聚落范围内有几个寺坊。例如韦州伊合瓦尼派占 60%，老格迪目占 10%，他们都分散在韦州 11 个清真寺内（其中有苏家寺、海家寺、马家寺），韦州清真大寺是治坊寺。小寺受大寺领导。韦州教民的结婚、亡人、主麻日聚礼、开斋节、古尔邦节会礼都在大寺进行。[136] 但是生态移民工程中由于迁入的移民来自于不同教派而在居住建筑的分配过程中并未考虑他们来自不同的"坊"，造成他们在相同的聚居地不得不建造不同的清真寺用于礼拜，从而导致了一"坊"多寺的现象。

5.3.2　聚落营建礼仪与禁忌

每个民族都有其不同的宗教、民俗、生活禁忌，"正是这些禁忌作用，保证了人类按照一定的规范处理自己的行为，这对人类本身及社会都是不可缺少的"。[137] 同时，民族礼仪也是每个民族文化的重要组成部分。蕴涵于回族聚落建筑文化中的一些禁忌和礼仪，揭示了宁夏西海固回族穆斯林精神世界的底蕴。

西海固地区回族民居无论从宅基地的选择、朝向、屋顶坡度还是建房日期的选择等方面，都有着其不同于汉族的特殊之处。

1. 以同族聚居为主

无论是依山而建的窑洞还是川坝塬台上的箍窑，或者是土屋瓦房等，回族群众都力求聚居。在西海固地区的回族大多都是聚族而居的，较少有与汉族杂居在一起的，即便是散居，也都以清真寺为聚落西部中心，回族民居呈现辐射的状态布局。

2. 宗教礼仪优先

1）择"主麻日"营建

回族认为"主麻日"是吉祥的日子，建房喜欢选择"主麻日"，结婚也喜欢选在"主麻日"。

2）以西为贵

民居建筑中的礼拜空间在西炕或者地上。伊斯兰教礼拜程序多为跪拜，所以家中条件差的就在西炕做礼拜，条件好的就在铺有地砖和地毯的地上。在朝拜的方向（西墙）不设偶像，多数设麦加天房的挂毯或挂画。通常在礼拜的西向，忌讳布置厕所。[138] 但是房屋的朝向则略显随意，例如笔者调研的同心县王团镇北村的回族民居正房基本都呈坐北朝南布局，但固原市原州区的毛家台子村民居的布局则非常自由，有的正房坐北朝南，有的则坐东朝西，更有甚者是将坐北朝南的房间设置成为羊圈，主人则住在坐西朝东的厢房中。大门的方向则以朝向道路为原则，一般忌讳朝西开门，因伊斯兰教圣地——麦加位于中国西部，穆斯林是向西跪拜的，但也不绝对，地形条件受限时也有突破这种规定的少量情况。

3）偶像崇拜禁忌

中国信仰伊斯兰教的民族有很多，这些民族在许多方面会产生差距，但反对偶像崇拜，是中国穆斯林民族共同而独特的生活方式和严格的生活禁忌。

伊斯兰教的五大信仰——信真主、信先知、信经典、信使者、信后世，其中最为核心的部分就是信真主，即"认主独一"、"唯拜真主"。按照伊斯兰教的教义解释，真主是无似像、无比无样的，因此真主是不能用任何形象图案来描绘、来表达的。除此以外，教义明确规定不准以任何形式的人或动物的图像或肖像出现。先知穆罕默德也曾明确禁止画人物、动物的形象，并警告："制作各种画像和塑像的人们，在复活日必将受到惩罚。"❶ 因此，穆斯林民宅中是禁止任何人物或动物的塑像或画像的。

3. 讲究实用、适宜的营造理念

农村的汉族人选择的墓地一般在村落南部稍远的不宜耕种的土地附近，而回族则会为了走坟方便而将墓地选在村落附近。西海固地区大多数的回族聚落，墓地都建在清真寺以南，或者村里南部的区域，与村落的联系十分紧密，为的是在亡人的忌日、宗教节日里方便"走坟"❷，正是中国传统文化的"事死如事生"的体现。

4. 平屋顶坡度不宜过大

对屋顶的坡度选择应在能够满足有平屋顶的民居排水需要的前提下，坡度不能过大，否则会被称为"棺材头"，即类似汉族的棺材一样高高翘起，那是十分忌讳的。另外，回族民居在建房时会考虑后排房子要略高于前排的。

5. 回族村落民居选址与清真寺的位置关系上，因为"以西为贵"的中国穆斯林传统观念，很少有人将居址选在清真寺的西边，表现宗教的神圣性。

---

❶ 《布哈里圣训实录精华》
❷ 走坟，也称游坟，伊斯兰教宗教礼仪风俗之一，是穆斯林纪念亡人、寄托哀思、参悟自省的一种形式。

5.3.3　居住空间的宗教要素

1. 礼拜空间

伊斯兰教中规定的穆斯林"五功"中非常重要的"礼",中国穆斯林称之为"拜功",就是要在每天的不同时刻进行五次礼拜,主麻日或者节日都要进行聚礼和会礼。回族的礼拜空间有清真寺的礼拜大殿、民居的礼拜房间以及路上的任何干净场所。

西海固的男性穆斯林每周五(主麻日)都要去清真寺做礼拜,女性穆斯林和不方便上寺的男性穆斯林平时则在家里做礼拜。所以,民居布局中必须设置礼拜空间,回族家庭成员中家长的主卧室一般建造在最西边,其他家庭成员的卧室则在东、南边。在家中做礼拜和在清真寺是一样的,必须向西边的麦加天房跪拜。民居中的礼拜空间,根据穆斯林家庭的经济情况进行设置,有条件的可以在房间墙上挂伊斯兰装饰挂毯以指示礼拜方向,地上则铺设羊毛地毯,方便跪拜。

由于宗教礼仪的要求,在民居中自然将居室的等级、尊卑区分开来,"以西为贵"的宗教方向性在民居的布局中凸显。

2. "洗净"空间

回族是爱好清洁的民族。先知穆罕穆德:"内清、外洁是信仰(伊玛尼)的一部分。"伊斯兰教义规定,礼拜必须进行"大净"或"小净"。"大净"一般指用流动的洁净的水按照伊斯兰教规定的顺序洗净全身;"小净"则是指用流动的洁净的水冲洗脸部、口部、鼻子、手部和双脚等。西北地区的回族用汤瓶洗"小净"的比较常见,而"大净"则用铁桶或塑料制作的吊罐。

回族的洗浴空间随着条件和地区的不同,有所差别。在条件比较好的城市,或者水资源充足的地区,回族家庭都会有沐浴室,而对于水资源极度缺乏的西海固农村地区,一般穆斯林会在卧室的北侧专门修建凸出于主墙面的沐浴室,大约 1 ~ 2m^2 大小。更为特殊的一类沐浴室(净房)会设置在正房的东北面,通过卧房北侧开一个门进入一个狭小的礼拜空间,向东则设置一个长长的走道穿越正房北面,到达净房,位置十分隐蔽(图 5.25)。沐浴时有一个禁忌,就是不能面向西,以免亵渎真主。

3. 汤瓶和吊罐

汤瓶是西北地区穆斯林十分重要的日用品之一,是人们平时洗手常用的器具。在清真寺中则是专门供给礼拜前的"小净"时使用。由于使用频率较高,几乎成为穆斯林家庭的必需品,这里特指村镇范围的穆斯林家庭,城市里则是在穆斯林饭馆较为常见,很多回族聚居的城市常常将汤瓶的造型用于城市雕塑,来展现回族文化。因此,汤瓶已经不仅仅是一个器具,而日益成为穆斯林的代表、特征和符号。

吊罐则是乡村居住的穆斯林用来洗"大净"的重要器具,容量一般在10升左右,挂在浴室屋顶,用以洗浴。图中所示是在西吉县西滩乡拍摄的回族家庭中的吊罐,由于当地极度缺水,所以吊罐也十分小(图 5.26)。

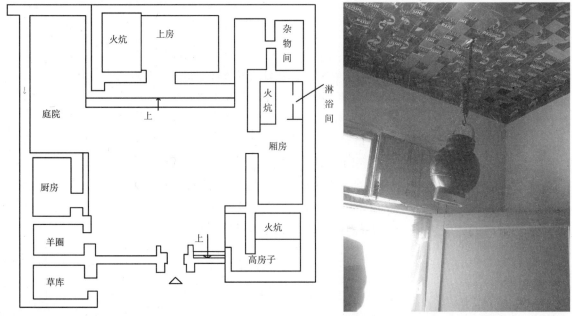

图 5.25　回族民居院落布局图　　　　　　　　　　　图 5.26　回族吊罐

4.性别差异的空间布局

伊斯兰教中对女性的限定比较多，在很多场合都规定回避。虽然现代社会讲究男女平等，但在穆斯林社会中，男女差别较大。教义中规定妇女要与至亲以外的男士保持隔绝，"这种隔绝可通过空间与建筑环境上的安排，或通过社会行为来隔绝"，从装束上讲究戴盖头、穿长袍等，而回族民居的室内空间的布局也会受到一定的影响。为了达到空间隔绝的目的，回族住宅的室内空间常常以隔墙划分为公共空间和私密空间，到访的男士被邀请进入的空间只能是公共空间，私密空间是绝对禁止的。通常在正房就餐时，家中的成年妇女需要回避，在东西两边的厢房里活动，避免来回走动。

5.3.4　回汉聚落的比较研究

对不同选址、不同气候条件及生产方式的聚落形态与布局进行比较（表5.8），得出以下结论：

（1）在聚落选址上，无论汉族还是回族聚落都会从生活便利、农牧业生产的角度出发选择背山面河、土地肥沃的区域作为居住地。

（2）在聚落布局上，与汉族以血缘、宗族为纽带聚族而居形成以宗祠（祠堂）为中心的聚落布局不同（图5.27），回族则是在血缘为纽带的基础上以宗教作为精神中心。一般村落中的清真寺是作为精神中心而存在的，其他民居自然形成向心性布局，清真寺一定是村落规模最大、最高、最为华丽的视觉中心，是整个村落的天际线（图5.28）。

（3）回汉聚落形态的精神中心。

聚落的宏观空间包括自然空间、人工空间以及精神空间（图5.29），三种空间

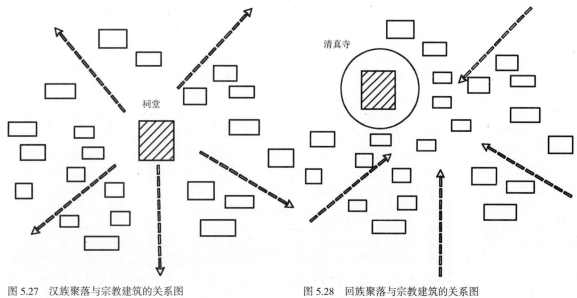

图 5.27　汉族聚落与宗教建筑的关系图　　　　　　　　　图 5.28　回族聚落与宗教建筑的关系图

<table>
<tr><td colspan="4" align="center">汉族、回族聚落对比</td><td align="right">表 5.8</td></tr>
</table>

村落名称	西海固地区同心县王团镇北村（回族聚落）	西海固地区固原市原州区毛家台子村（回族聚落）	西海固地区固原市隆德县红崖村（汉族聚落）
生产方式	以农业为主，结合牧业、牲畜的养殖	以外出打工、农家乐为主，农业为辅	以农业为主，结合农家乐
自然环境	地势东高西低，西部较为平坦，属扬黄灌溉区。属大陆性季风气候，特点是干旱少雨，风多沙大，年平均气温 11.2℃，年均降雨量 244mm，蒸发量 2600mm	位于黄土塬上，海拔 1800m，平均气温 6℃，平均降雨 300～450mm，属暖温带半干旱气候	气候属中温带季风区半湿润向半干旱过渡性气候，年平均气温 5.6℃，年均降水量 492mm
人文环境	全部为回族，信仰伊斯兰教	全部为回族，信仰伊斯兰教	全部为汉族，信仰佛教、道教
聚落选址	宁夏中部干旱带，荒漠草原，引黄灌溉区	固原原州区境内的黄土塬上，东面和南面为坡地，西面临沟，北面临河	北面靠山坡，南面临沟，聚落东西走向布局
聚落形态	平原团型，规模较大，分布在县级道路两侧。单核团型"向寺而居"，聚落精神中心为西北边界上的清真寺，南部边界为公墓区和拱北区，北部与西部为大量农田区	单核团型"向寺而居"，聚落以西部边界上的清真寺及寺前广场为中心，由于地形限定，逐渐向东部扩展	半坡型，由于地形限定和农业为主的生产方式，决定聚落将平坦、能够得到河水灌溉的土地留给农田，居住地则选择在半坡之上，聚落沿着等高线层层布局
宗教影响	回族聚落将清真寺作为聚落的精神中心，而非几何中心，所有民居建筑"向寺而居"而非人口密集区域的"围寺而居"，作为宗教崇拜圣地的拱北建筑也与回族公墓结合设置，与聚落民居几乎相邻	清真寺是聚落的西部边界线，聚落几何中心布置着清代回族将领的墓地，与聚落其他民居相安无事	这里的汉族聚落人口因大多为移民，故宗祠建筑比较少见，唯有少量的土地庙布置在聚落中，偶尔会有人祭拜。聚落公共空间是早期的戏台，现在也基本闲置
聚落发展	以清真寺为聚落生长中心，向东、南、北三个方向不断扩展	以清真寺为辐射中心聚落不断扩展，但受到地形限定，发展空间较小	以聚落公共活动空间——戏台为中心，沿着等高线向两侧自由生长

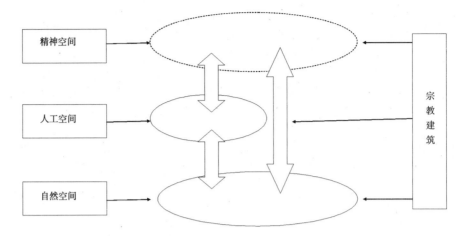

图 5.29 回族聚落空间
构成及其相互关系图

精神空间

人工空间

自然空间

宗教建筑

缺一不可，从图中可以看出，三种空间之间相互作用，通常回族聚落包括清真寺、拱北及道堂，汉族聚落包括宗祠、寺庙（佛教居多）。聚落在建构物质空间（即人工空间）时，也同时在构建精神空间。汉族寺庙建筑由于选址的原因常常远离村落，仅有少量，例如土地庙会选址在村落中，一般情况下也会与民居间留有一定的间距。回族聚落中的清真寺建筑是宗教活动的场所，也是家庭、社会活动的空间，例如通常在农村的回族家庭杀鸡、宰羊、宰牛等日常饮食生活都必须去清真寺请阿訇念经，宰杀。因此，清真寺与周围民居联系相对紧密，形成具有明显归属感的"寺坊"空间。同一"寺坊"的居民所具有的宗教心理的归属感和认同感相近。回族聚落的中心区域不仅仅是清真寺本身，而是以清真寺（有的村落则是拱北、道堂等宗教建筑）为主体形成的聚落公共空间，这一空间对于聚落来说：首先是宗教空间，名目繁多的各种宗教节日，当地和外地同一教派的穆斯林都会赶来进行宗教仪式和举行宗教活动；其次，则是生活空间，生活中必不可少的公共空间；第三，由于常常聚集大量人口，因此带来了商机，清真寺附近常常成为重要的商业、餐饮空间。回族聚落中不成文的规定就是所有其他建筑物、民居的规模、体量、高度不得超过清真寺，聚落内部道路自然而然条条与清真寺相连，因此，任何人在村落的任何角落只要抬起头都能一眼看到清真寺。

5.3.5 回汉混居区的聚落

宁夏自古以来就是一个多民族杂居地，目前主体民族为汉族和回族，汉、回两个民族先后在该地区形成两大民居共同居住格局的过程中，民族不断发展融合，不同文化之间的整合，在不同的历史时期创造出传统汉族文化与伊斯兰文化融合的人文环境。

西海固地区自古就是农耕文化与游牧文化的交流地，回族的生存与发展就必须借用这两种文化。同时，回、汉以及其他 40 多个民族人口杂居也为回汉文化的交流提供了条件。文化上的交流与重叠也反映在居住格局上，汉族与回族以及其他少数民族的居住格局是民族关系在空间上的物质表现，是各民族交往、互助、合作的重要条件，各民族人口交错分布的程度越高，交流、合作的机会就越多。

宁夏虽然是全国最大的回族聚居区，但实际上回族人口所占比例也不过 1/3，西海固地域辽阔，回族聚居程度较高，回族人口比例大约占到 1/2。从人口比例的角度不难推断，当地回汉两个民族，从宏观角度讲基本上是一种杂居的状态。从生态人类学的角度来看，住在某一生态环境中的人总是会面对自然环境尽最大可能采取各种各样的手段去适应自然，甚至改造自然，以使自身更好地生存下去。也就是说，同样的环境会在很大程度上决定身处其中的不同人群采取大致相同的手段。[139] 面对西海固这样严酷、恶劣的自然条件，回、汉以及其他民族群众在居住地形、地貌、地势的选择上差别较小。从大的地域范围来讲，在西海固，回、汉以及其他少数民族人口都交错杂居，所有民族都需要适应同样的生态环境，包括地理区位、地形地貌、气候条件以及自然资源，因此，回汉民族在应对相同的自然环境、条件的前提下采取了类似的聚落营建技术，甚至借鉴了不同民族、宗教的聚落营建文化。

在城镇社区中的回族聚居的比例呈现出下降的趋势，回汉混居逐渐成为主流。在市场经济条件下，在城镇快速发展、建设中，受商品房买卖和城市规划、改造等因素的影响，回族集中居住的可能性越来越小，回族传统的民族聚居的居住格局将逐渐改变。尤其是较为发达的城镇以及道路通畅、交通便捷、信息发达、经济发展较快的乡村聚落，民族之间居住格局的开放态势已经形成，居民之间不分民族、宗教信仰，大家友好往来，团结互助，形成了民族平等、和睦相处的邻里关系。

以西海固腹地——固原市为例，当地是典型的回汉混居地区，乡村回汉民族的居住格局主要表现为回汉同居于一村、回汉互为邻村两种形式。城镇回汉居民混居比例远高于乡村。在当地，回汉民族所处的地理、自然、生态环境相同，其生产方式、居住方式、社会风俗以及思想观念在长期的民族交流、合作中表现出极大的相似性和趋同性，用当地一位回族村民的话："回汉一理儿，只是人同教不同。"海原县王井村就是一个典型的回汉混居村落，回汉两族人民长期居住在邻近村落中，互相依存、互相帮助、和睦共处。更为有趣的现象是，回族的重要宗教建筑就建在汉族村庄里，拱北是回族群众祭拜先贤教主的地方，却常常有汉族群众前来祭拜（图5.30、图5.31）。

图5.30　回汉混居区汉族村落里的回族拱北建筑群（据网络资料自绘）　图5.31　远眺回汉混居区里汉族村落里的拱北

第6章　回族传统聚落的营建规律研究

回族聚落的选址及营建受制于自然环境和技术，同时与居民的文化、生活、生产有着直接的关联。在回族乡村聚落中，每个民居单元、公共设施都是一个在平面形态、建造工艺、色彩装饰等方面体现着聚落营建规律特征的聚落细胞。

本章总结分析回族聚落在恶劣的生态环境中生存发展的一般规律，从"生态智慧"、"营建技术"、"装饰艺术"等几个方面研究入手，由宏观到微观，由内而外逐层加以论证，为严峻生态条件下回族聚落的定位和发展寻找合理依据，揭示回族传统聚落建筑发展的营建规律。

6.1　传统聚落空间形态规律

6.1.1　回汉文化融合的生态智慧

回族文化体系中包含有许多促进人类与自然和谐相处的生态文化，体现在生活方式、生产方式、宗教信仰、聚落文化、民俗禁忌等不同方面。回族文化在其形成和发展的过程中一方面受到伊斯兰文化及价值观的主导，另一方面也受到了中国传统文化的强烈影响。

1. 伊斯兰文化自然观

在伊斯兰文化的自然观中，真主安拉创造了天地万物，包括：人类，各种植物、动物，所以认为人和动物、植物等其他天地万物都是平等的，正是如此，人和自然才能长期地维持和谐统一的关系，水、空气、动物、植物和人类有序地生长，共同维持一个平衡的生态系统。伊斯兰教关于人与自然和谐的观点表现在三个方面：一是人类不能离开自然环境而生存和发展，人类必须依靠自然环境而生存；二是真主给人类提供的自然资源是有限的，人类应当合理地利用自然资源，不能对自然资源进行无限制的开采和利用；三是人类不一定必须靠破坏自然环境而取得发展。[140]

2. 儒家文化生态自然观

人类和自然的和谐共生是儒家生态自然观的基本特征之一。"和谐"是事物之间在一定条件下，动态、具体、相对、辩证的统一，是不同事物之间相同相成、相辅相成、相反相成、互助合作、互促互补、共同发展的关系。"和谐"是儒家思想的最高境界，也是中国传统文化的至高价值观。儒家自然观认为：

人仅是大自然中的一部分，因此人类应尊重并顺应自然规律。儒家思想中蕴涵了遵循自然规律办事、节约自然资源、合理利用资源和保护自然资源的内容，这在中国古代农业社会有着深厚的历史渊源。[141] 这种和谐的自然观在中国历史文化长河中有着丰富的文化内涵，将其作为处理人与自然关系的基本准则，使万物也处于一种有序和谐的状态，是实现"天人合一"的必要之道。

3.回汉民族不谋而合的生态伦理观

生态伦理观，是指人们对待地球上的动物、植物、生态系统和自然界中其他事物的行为的道德态度和行为规范的知识体系。[142] 从当代意义上看，伊斯兰中蕴涵着"以仁爱之心爱护万物、尊重大自然的规律、合理利用和开发自然"等具有鲜明特色的生态伦理思想。在伊斯兰教看来，自然界中的一草一木、一鸟一兽等同人类一样，都是真主创造的生命体，都是在真主普慈之爱的哺育下茁壮成长的。"见一物就是见真主，伤一物就是伤真主了。因此人类应该以公正、合作、友善、仁爱的态度对待天地万物。尤其要珍惜处于生态系统中的动物植物。"穆圣教我们要善待邻居，优待旅客，周济骨肉近亲，收养老弱无依，爱护一切生物。

儒家学派代表人物孔子认为："夫大人者，与天地合其德，与日月合其明，与四时合其序，与鬼神合吉凶。先天而天弗违，后天而奉天时。"❶ 基本可以推断，古人在农业生产过程中充分了解并认识了天、地、日、月以及春、夏、秋、冬四季的轮回与自然规律，认为人类只有顺应自然轮回的周期、遵循自然规律，才能真正获得自由。这个观点表达了儒家学派所倡导的人对自然的认识、人和自然的和谐共存的思想。

在对待自然、资源、环境、生态与人类发展的问题上，无论伊斯兰文化还是儒家文化都教育人们既要适度改造自然又要顺应自然，以自然与人类的和谐共处为目标。通过对自然与环境的适度开发、合理利用，为人类的生产生活服务。

被视为"最不适合人类生存"的西海固地区的人类却顽强地生存了下来，在如此恶劣的自然条件下，最关键的支撑应该是文化与精神。本土生态环境在相当恶劣的状况下与人类的生存一样基本维持下来，可以说在很大程度上是基于一种可持续的、稳定的并富有实效的制度性资源——文化的维系。[143] 在生存方式极其有限的条件下，传统回族聚落是当地群众经过长期选择、积淀的人类聚居环境的复杂系统。这些聚落在长期的形成与发展过程中体现出明显的生态性特征，记载了历史、人文发展的沧桑以及人类顺应自然、改造自然、利用自然的过程。

6.1.2　顺应自然的聚落选址与空间结构

对于乡村聚落来说，水资源是聚落赖以生存的决定性因素，水资源的承载力决定着聚落选址及规模；土地资源是农民最重要的生活和生产资料，直接影

---

❶ 《周易·文言传》

响着聚落的选址、规模、密度和聚落群的空间分布。随着社会经济的不断发展，交通的便利性也日益成为聚落不断扩张、发展的引导性因素。

1. 聚落选址特征

1）水资源条件决定聚落选址位置

原始人类选择居址大多位于河流附近，有大部分是背靠山或梁，面对河流，即北边靠山，南面临河；西靠山、梁，则东面临河；东靠山，则西临河。居住在河流附近，人畜饮水方便、灌溉便利，邻近的土地肥沃，对于水资源、土地资源的利用以及发展农业生产非常有利。

2）土地资源保证聚落生存与生产

从秦汉时期起，宁夏地区农牧业主要分布在以固原为中心的六盘山地区及西北部的乌水流域，此时的聚落也大体沿着这一区域分布。至隋唐时期，六盘山地区、北部的蔚如水流域（今宁夏清水（河））为养马地区，而东北部为游牧民族区域，盐州亦为养马的牧区。明清时期，六盘山（古称陇山）地区保留一部分森林，北部固原州继续实行马政，西安所（今海源地区）、韦州所、平虏所（今同心县）均为明代的军屯所在。其他区域则全部为农业区。因此，土地资源对聚落选址、区域分布的数量和密度起着基础性的作用。

受到地形、地貌的影响，较为平坦的盆地、川地聚落布点较多，同时规模较大；在地势较为平坦的中部干旱区的同心县，则呈现出单个聚落面积较小的散点式布局特征，规模最小的聚落只有三五户，最大的也不过二三十户，这一点与回族喜好聚居、不同教派分坊建寺分不开（图 6.1）。丘陵地区则聚落分布较少，西吉县坡地则聚落枝状分布较多（图 6.2），同时规模有限，呈现出"满天星"的布局特征。

3）交通的可达性影响聚落的发展方向

宁夏平原顺应黄河走势呈条带状，主要交通干线在黄河西侧南北向通过，宁夏平原大中小城市、主要建制镇如串珠一样分布于交通干线上。[144] 在山区或丘陵地区，由于受地形地貌及水源的影响，居民点往往沿山谷、公路及河流分布；在比较平坦的地区，为了发展商品农业的便利而借助交通干线，呈条带状分布。这种居民点布局形式能够方便农村交通，增强各个村之间的交流与联系，方便农民的生产生活。[145]

未来产业的转型及农业现代化发展对乡村聚落交通的可达性提出了更高的要求，距离道路近的地块垦殖、收割、农产品运输的便捷性大大优于偏远地段交通封闭的地区。因此，西海固地区应将距离公路超过 5km、交通不便、人口规模极小的山地、坡地型村庄进行生态移民。

2. 聚落的空间结构形态

乡村聚落是农民生活、生产、宗教活动的集聚中心，受地区自然环境、社会经济发展、平面形态及国家行政区划的影响，每个聚落都有其特定的空间表述语言。按照聚落主要建筑物、公共空间、街巷、道路等结合地形地貌的分布状态的不同，将西海固地区回族聚落大体上可分为以下四种空间结构形式：

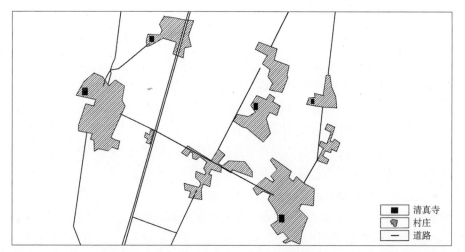

图 6.1　同心县回族聚落散点式分布示意图

清真寺
村庄
道路

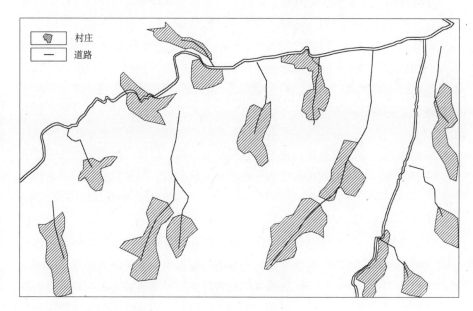

图 6.2　西吉县回族聚落枝状分布示意图

村庄
道路

（a）　　　　　　　　　　　　　　　　（b）

图 6.3　集聚组团型回族聚落［网络资料（a）、自绘（b）］

1）集聚组团型（图6.3）

集聚组团型聚落大多以一个或几个核心为中心，集中布局的内向型空间形态。聚落平面轮廓大致接近圆形、矩形或不规则的多边形。组团内部用地紧凑，受到水资源的限定，西海固地区的集聚组团型聚落大多分布在水资源较充沛的河流上游较为平坦的区域。这种聚落的空间语言是以点的形态构建空间核心结构，中心点对于汉族聚落而言是风水中"穴"的概念，对于回族聚落是指清真寺、拱北等宗教建筑。聚落由多个聚集组团随地形变化或道路、水系相联系的群体组合空间形态，其空间语言强调闭合的群体空间形态，村落边界往往面临着难以逾越的外在物质形态，例如山体、悬崖、道路、河流、水库等，使得聚落在这些方向上无法继续自由扩展，导致聚落边界明显而具有内向型特征。

2）带状—字型（图6.4）

此类聚落大多随地形、地势、道路或水系方向顺势延展形成线性布局的带形空间。对于一些梁峁聚落来说，则呈环状的带形空间。此类聚落，空间语言表现出线的形态，具有方向性，聚落一般轴向生长，无法形成纵向内部道路网络，而是利用街巷连接路网，此类聚落规模较小，人口少，有单个村落形式，也有与其他村落连接形成的网状空间布局形式。例如泾源县银钱沟村，聚落沿沟壑东西线性方向展开的距离较长可达千米，而南北方向则最宽处不足百米，最窄处则仅有一户人家。带状—字型聚落也会有一个或者几个聚落核心区，通常在一字形的中部，聚落会沿着垂直于一字形的方向稍加延伸，但由于受到地形限制，不会太宽。而聚落的东西末梢处则房屋非常稀疏，与聚落中心的关系较为松散。

3）核心放射型（图6.5）

以一点为中心，沿地形变化或者道路伸展方向呈放射状外向延伸布局，形成较为开阔的空间形态。这种聚落与集聚组团型聚落的空间语言相似，不同的是前者为内向型围合空间，后者为外向型发散空间。聚落的生长方向可以沿着各个边界展开，不会被地形、地貌、河流等所限定。回族聚落的明显特征则是以清真寺作为形态核心划分出中心区域，其他民居建筑向四周展开布局，主要道路必须都能通向清真寺，即主要道路从清真寺发散构成村内主要道路结构，

（a） （b）

图6.4 带状—字型回族聚落
［网络资料（a）、自绘（b）］

（a）

（b）

图 6.5　核心放射型回族聚落
［网络资料（a）、自绘（b）］

（a）

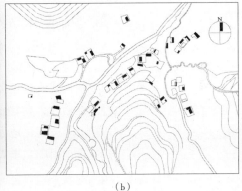
（b）

图 6.6　串珠状自由型回族聚落
［网络资料（a）、自绘（b）］

其他支路与之连接，形成了以清真寺区域为中心展开的放射型聚落形态。

4）串珠状自由型（图 6.6）

此类聚落多位于地形、地貌复杂，地势高差变化较大的区域内，聚落内空间序列随地形的变化而变化，布局自由灵活，当耕地面积有限，聚落建筑物穿插于山势中，山、田、宅互相交融。聚落内道路往往有一条主干道，其余各支路迂回与主干道连接，个别位于山坡上的住户自行修建道路与盘山公路相连，故此类聚落道路网更加复杂多变，但使用率较低。

6.1.3　宗教文化限定的聚落形态与功能空间

1.清真寺作为单一核心的聚落形态

形态是指事物在一定条件下的表现形式。著名美国考古学家戈登·威利将聚落形态定义为："人类将他们自己在他们居所的地面上处理起来的方式。它包括房屋、房屋的布置方式，以及其他与社团生活相关的建筑物的形制和处理方式。"[146] 聚落有"坐落"的含义，聚落形态受一定地域范围的自然环境的影响。[147] 例如聚落本身所拥有的自然条件，如地形、地貌、气候、植被、水文、土壤状况等。同时，聚落形态与聚落所处的区位有关，即聚落与整体区域环境的相对关系。[148]宗法、伦理、血缘、宗教、习俗等社会文化因素也是影响村落形态的一个重要因素。[149]村落形态揭示出的是在乡村范围内的"人类在所居住的地面上安置自己的方式"[150]，即"人及其群体在土地上所从事的活动"留下的印记，其本质是一种"乡村人地关系"的外显方式。从形态类型方面分析，村落要么是以孤立农舍为基础形成的点状分布的散村，要么是集合成线状、块状的路村、街村、团村等集村及块状聚落。[151]

"聚落形态"在本文中是聚落中的物质实体。聚落的各组成要素包括：聚落内部的住宅区、道路街巷、清真寺、拱北、公共墓地、公共空间。聚落外部及聚落边界有河流、山体等，还包括他们的位置和相互关系。聚落的外观现象，主要表现为村落平面的形式和村落在空间高度上的形态。"各组成要素"不仅包括实体的建筑等物质存在，也包括不同类型人群活动的空间，而聚落内部物质形态的相互关系实际上是一种空间结构，把聚落形态视为一种结构是将其作为社会结构表征的基础。

受到自然气候严酷、地形复杂、土地资源稀缺、交通困难、信息闭塞以及长期粗放式农牧业生产方式的影响，西海固地区回族聚落形态呈现出相对稳定性和滞后性，具有显著的聚居特征。在六盘山区，由于地形地貌的限定，土地零散开垦，居住地形成了散村；而在中部丘陵地带，土地连片开垦，居住地点选择余地也随之增大。同时，对回族聚落形态空间形成和发展有着重要作用的是宗教建筑，包括清真寺和拱北等。

因此，回族聚落形态不但是聚落所处地域结构、产业结构、经济要素的反映，也是宗教文化在空间及平面上的表现形式。通过对大量回族村落的调查研究发现西海固地区回族聚落形态受到伊斯兰教文化的影响，具有以下特征：

1）"以西为贵"，向东、北、南三个方向生长的聚落（图6.7）

全世界清真寺无论何种风格、何种材料、体现何种文化、在何地建设，礼拜大殿的圣龛都必须面向伊斯兰教圣地麦加的克尔白。就如同宁夏西海固的回回们在远离家乡、远离清真寺的路上，只要一日五次的礼拜时间一到，他们就会就地找一块干净的地方面朝西方，口中默念清真言，开始礼拜。

清真寺的选址决定了回族聚落的发展方向。根据笔者多年的实地调查和研究，在宁夏境内建造的回族清真寺，无论城市还是乡村，都会选址在交通方便、地势较高、西面无建筑物的地方。通常情况下，宁夏清真寺会选择建造在回族聚落的最西面，礼拜大殿的西墙后面往往是空地（绿化）、道路、坡地、山地、河流，但绝不是民居。偶尔也有特殊情况发生，在清真寺的西面有人居住，但住宅的选址绝对不会在清真寺东西向的轴线上，也就是说，不会有人居住在西向的轴线上，这似乎已经是伊斯兰教清真寺的底线了，再一次体现了中国伊斯兰教建筑"以西为贵"的特征。这一特征决定了回族聚落在一般情况下会向东、北、南三个方向发展。

2）向寺而居——单一核心（图6.8）

一般情况下，回族人定居以后开始考虑建造清真寺，清真寺是在民居形

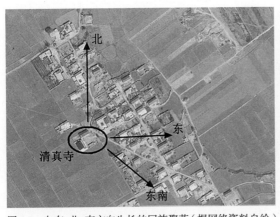 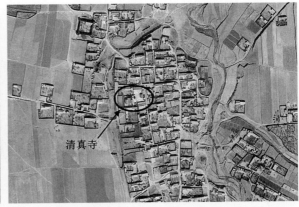

图 6.7　向东、北、南方向生长的回族聚落（据网络资料自绘）　图 6.8　单一核心的回族聚落空间（据网络资料自绘）

成一定规模以后才建造的。在笔者所调研的西海固地区的几十个回族村落中
90% 以上选择村子的西或西北方向作为清真寺的基地，或位于高岗上，或位
于河流边，或位于道路边，坐西向东的朝向十分特殊，在整个聚落的平面图
中亦能清晰分辨。村落的道路结构通常是以清真寺作为扇形圆心，向东、北、
南三个方向放射状布局，民居则沿道路两侧布置。因此，村落会朝着东、北、
南三个方向不断扩展，到了一定阶段，一般清真寺距离民居超过 500m 时，
老年人会选择在居住地就近的区域内建造一个小稍麻（规模较小的清真寺），
平时一天五次礼拜就在这里做，等到了主麻日再去大寺会礼。随着人口的不
断增加，村落不断扩展，在小稍麻做礼拜的回族群众增加了，于是便进行扩建，
使之成为一个大的清真寺（主麻清真寺），于是就形成了新的"寺坊"。通常
是南、北、东再无发展空间时才会向西发展，也是零星、散点式的发展，不
是密集的扩张方式。

　　在回族聚落中，以清真寺为中心的空间，都是聚落中最重要的公共活动空
间，这一空间的影响力常常波及整个聚落，甚至一个"寺坊"，即周边的几个
聚落。清真寺是整个聚落的制高点，是能够控制天际线的那个最重要的公共建
筑。民居以清真寺为核心发散状布局，清真寺的具体位置不一定在聚落的几何
中心，这一点并不影响它作为中心场所的意义。构成以宗教建筑为中心空间的
方式由于地理环境的不同大致有以下三种：

　　（1）半封闭的形态中心（图 6.9）

　　半封闭的形态中心是指清真寺所在的聚落中心空间是由离清真寺较远的民
居院落、大大小小的场院、绿地等围合而成的。半封闭的聚落形态中心就像清
真寺的位置一样并不位于聚落的几何中心，而是位于穿过聚落的公路或者交通
要道，比较邻近聚落的边缘。

　　（2）封闭的形态中心（图 6.10）

　　封闭的形态中心则是指聚落的形态中心由清真寺、寺前广场和商业、餐饮
等建筑以及居民住宅等围合而成，由于建筑密度较大，建筑间距较小，只能由
狭窄的街巷进入中心区域，从而形成封闭的聚落公共空间。

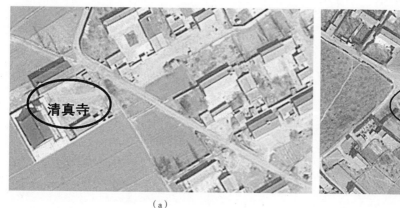

（a）

（b）

图 6.9　回族聚落半封闭的形态中心（据网络资料自绘）

图 6.10　回族聚落封闭的形态中心（据网络资料自绘）

图 6.11　回族聚落开敞的形态中心（据网络资料自绘）

（3）开敞的形态中心（图 6.11）

　　开敞的形态中心是指聚落选址于坡地或山地，聚落中的居民住宅沿着等高线布局，而聚落中心的清真寺由于礼拜和宗教仪式的需要，只好选址于地势平坦的黄土塬上，离住宅较远，空间形态呈开放状态。

　　2. 清真寺主导的聚落空间

　　回族聚落的空间构成要素是由自然环境和人工环境共同承担的，自然环境包括水系、土地、山体，人工环境则包括民居单元及公共设施，公共设施一般由清真寺、商业空间、道路街巷、场院、学校及文娱空间、拱北及公墓等组成。当然，目前在西海固地区，自然村很少有设置学校的，甚至行政村或者中心村都很难有小学校，更谈不上中学了，所以当地群众文盲率一直居高不下，与村落建设的文化设施缺乏有极大关系（图 6.12）。

　　1）聚落功能空间

　　聚落的功能空间是由宅基地、公共建筑、道路、耕地、绿化景观等共同组成的空间表现。耕地与宅基地的关系，住宅与住宅之间的布局关系，耕地区块的划分，道路网及水系构成，地形、地貌特征及村落边界的防护林带等要素的配置关系都直接影响着聚落空间的构成。居住建筑在聚落中占主体地位，居住

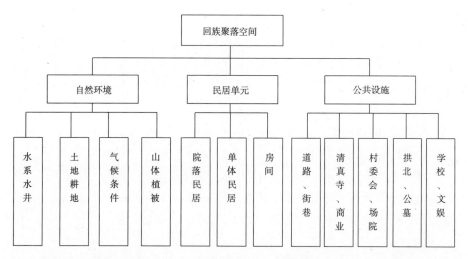

图 6.12　回族聚落空间构成要素图

建筑规模、尺度以及组合方式是影响聚落布局形态的主要因素。回族聚落的共同特征是以清真寺为核心的居住空间配置特征，清真寺的位置、寺前广场、道路组织方式决定着聚落的道路网的布局方式，主导着聚落的功能空间。

2）聚落景观空间

聚落中的绿化往往是景观系统的主体部分，通常包括聚落边界的防护林地、聚落耕地、聚落内部公共绿地、聚落居住单元中的院落绿化。回族聚落则是以清真寺为景观中心，因为清真寺是聚落的制高点、天际线的重要部分，同时也是最为华丽的建筑。清真寺及其周边景观也常常结合广场、绿地等布置健身广场等。

3）聚落道路系统

聚落道路系统不但可以组织聚落内、外部的交通，还能进行聚落功能分区，同时成为聚落的空间结构骨架，提供生活、生产、公共设施空间的功能。道路不但是沿路布局的绿地景观的主要表现区域，而且还承担着信息流、物流、商业资讯通道的作用。回族聚落的道路交通系统有着强大的交通导向性和十分便利的可达性。道路系统分级设置，通常与外界直接联系的主街道会与清真寺前广场结合设置，这里往往是聚落公共的商业、娱乐服务中心，通过主街道与其他小型街巷相联系到达每个居住单元。

6.2　传统聚落民居营建规律

对于民居建筑，不能把它当作僵死的样式，无论内容与形式、技术与艺术，它的生命力在于要随时代发展，从产生它的历史条件、地理环境、生活习俗、技术体系等诸多源流来多方面地寻找其规律……[152]

对于西海固地区回族聚落的研究必须从当地民居建筑的形态与空间、建筑材料、建造技术等多方面来寻找其规律。从应对当地恶劣的生态环境、气候条件以及匮乏的水资源、土地资源的角度来看，当地回汉人民采取了相同的策略来进行民居的设计和建造，故回、汉民居在建筑形态、建筑材料及建造技术等方面并无明显差别，就如同处在相同地域环境、相同社会经济中的青海地区的藏族、撒拉族、回族、汉族等不同民族的民居建筑从其外观、形态、建造技术上很难区分一样。

6.2.1 回族民居形态与院落空间

1. 回族民居形态

西海固地区生态环境恶劣，干旱少雨、黄土层厚、分布广、取材方便，所以当地百姓多用生土建房，形成了独有特色的生土建筑体系，使这里集中了形态多样的回汉民居类型，如窑洞、堡寨、高房子、土坯房等。

1）窑洞

西海固地区属于黄土高原边缘，土层深厚、气候干燥，各类窑洞建筑广布其中，有靠崖式窑洞、下沉式窑洞和独立式窑洞等种类。

（1）靠崖式窑洞

多分布在干旱少雨的山坡、土塬边远地带。窑洞依山沿等高线而建，建筑平面呈曲线、折线形排列，有的窑前是开阔的平地，洞口多用土坯、砖块砌成拱形门样，有的是在窑前修建合院，院内布置土坯房。

（2）下沉式窑洞

主要分布于西海固南部黄土塬梁峁、丘陵地区。修建窑洞时，首先选择较为平坦、坚硬的黄土地，向下挖出 5 ~ 6m 的一个正方形或长方形地坑，而后，在形成的地下四合院中四个坚硬的黄土壁面上开挖靠崖窑洞，同时选择好出入口的位置，利用开挖坡道通向地面。

（3）独立式窑洞

又名"箍窑"，主要分布于西海固北部黄土丘陵沟壑区，同心县、海原县境内居多。西海固地区的尖拱形无覆土独立式窑洞与陕北、山西等地的覆土独立式窑洞造型不同，是极富地域特色的窑洞类型。

2）堡寨（图6.13）

堡寨通常一村一堡，也有一村数堡或数村一堡，常选址在形势险要的位置，如山头、高岗、沟边、高原、河畔等，便于观察，以达到防御的目的。堡寨及其周边的壕沟形成了完备的生活和防御体系，内部空间一般包括民居院落、公共设施以及祠堂宗教类建筑。这种防御形制聚落形式逐渐演化为民居，同族住屋的外缘建造高大的墙垣，四角设置望楼，南面设堡门，内部则为合院式住宅。

图6.13 西海固地区堡寨民居组图

当地堡寨建筑特征如下：

（1）规模宏大，多为矩形

西海固地区的堡寨多为矩形，设一个大门，堡的长宽比约为1∶1.6，墙高4～6m，基阔4m，顶宽2.4～3m。墙上外侧版筑女儿墙，高0.8～1m，厚0.6m，辟有瞭望孔洞。到了清代，宁夏地区回汉族聚居之所仍在堡寨内营建房舍。所谓海城县（今海原县）"五十六大堡"、"平罗三十八堡，金灵五百余寨"、"宁夏（今银川地区）九十七堡"即是清代中后期宁夏堡寨建筑状况的生动写照。堡寨内的民居，多为四合院布局，堂屋高基，出廊立柱，南部山区则以曲尺形布局为多，更强调实用功能。

（2）形态封闭，布局合理

堡寨四周用封闭厚重的夯土墙体作围墙，有的在四角建有角楼。堡、寨外墙自下而上明显收分，呈梯形轮廓。夯实的黄土墙与周围黄土地融合在一起，显得稳固、浑厚、敦实、朴素。堡寨内部庭院宽敞明亮，其周围布置房屋、檐廊，大门沿中轴线或偏心布置。小型堡寨多采取单层三合院式布局，而大型堡寨多采用四合院布局，内多跨院，建筑以2层居多。

（3）自给自足的生态系统

堡寨是一个能够自给自足的生态系统，是古代"城"的缩影，主要有居住、农业生产、养殖业、养殖副业等功能。人们在一定时间内在堡寨中可以用自己的劳动满足自己的生存、生活的基本需求，同时不定期地与外界进行物质、信息的交换活动。堡寨民居已成历史遗产，不可能延续，但是堡寨的建筑形态——围墙、高角楼却深入人心，演变为后来的高房子。

3）高房子（图6.14、图6.15）

西海固地区，特别是固原地区（包括原州区、彭阳县、隆德县、西吉县、泾源县），回族民居常在院落拐角处的平房顶上，或者两孔箍窑上再加一层坡顶的小房子，俗称"高房子"。

高房子建筑形态是由边塞军事堡寨的角楼演变而来的，起初具有强烈的防御特征。战乱时，被人们用来登高瞭望，起防御作用；畜牧业发达时，利用高房子守望家畜，防止偷盗；后来多被用来供回族老人诵经礼拜。现在的高房子，则是经济条件较好的人家才能盖得起的，"高房子"在今天已经成为了显示家庭经济条件的标志，当然，在民居造型上也起到了丰富天际轮廓线的作用，其装饰作用已超过原先的功能，家庭多用它储藏物品。高房子以耳间的尺度为准，

图6.14 西海固地区高房子民居组图

图 6.15　西海固地区典型
高房子民居院落剖面图

故虽有两层，但显得极为小巧而灵秀。高房子布局自由，有的与正房朝向一致，位于正房的西侧或东侧，有的则与东西厢房朝向一致，位于院落的东南角或者西南角。根据不同的朝向开窗，形式也颇为自由，正立面上开门窗，通常在山墙上也开圆形小窗，而窗户的装饰格外讲究。

高房子屋顶有单坡顶、双坡顶两种类型，个别地方也有阿拉伯式穹顶样式，充分丰富了建筑的外轮廓，使原本单一的院落天际线高低错落有致。高房子这种民居形式不仅当地回族、汉族采用，还影响到周边甘肃、青海地区，成为当地民居的地域特征。

4）土坯房

土坯房在西海固地区分布较广，墙体采用生土夯筑或者土坯砖，即"胡基"。在降水量较多的地区，墙裙和建筑四角会用砖砌。土坯房建造使用的木构件较少，屋顶坡度极缓，通常将梁直接担在墙壁上，梁上搭檩，檩上担椽，椽上铺芦苇、覆草泥。主要有平屋顶和坡屋顶两大类型，坡屋顶则有单坡顶和双坡顶两种。

2. 院落空间特征

1）坐北朝南、接受阳光、防寒布局

西海固地区多刮西北风，冬季寒冷，民居多坐北朝南，南向开大窗充分接纳阳光。院落布局形式多种多样，较为典型的应对气候的形式有：一字形房屋围合院落、二合院（二字形围合院落）、L形（当地称为"拐脖"式）房屋围合院落及传统的三合院、四合院布局（图 6.16）。无论哪种布局形式的产生和发展都是当地民居应对多风沙、寒冷气候的经验模式。

2）高围墙、防风沙、绿院落

用高高的夯土墙围合一个院落空间，是应对西海固地区风大、沙多的恶劣气候的最佳选择。围墙内部可以创造一个微气候圈，内部种植果树、花草，养殖牛羊，可以调节院落小气候的风速、温度和湿度，在环境气候恶劣的条件下，创造出较为适宜的生活空间。

图 6.16 西海固地区民居院落布局形式

| 单排房院 | 二合院 | L形院 | 三合院 | 四合院 |

6.2.2 就地取材的生土民居

西海固地区聚落的建设材料主要包括天然和人工材料两部分。天然材料主要有黄土、木材、石材、芦苇、沙麦草等，人工材料包括土坯砖（堡垃、胡基）、砖、瓦、石灰等。同时，由于地区长期采用生土作为建筑材料，形成了一整套建筑结构体系以及包括夯土技术和土坯技术在内的成熟的建筑材料加工技术。

在中国，由于耕地资源匮乏，人口增加—土地减少—粮食紧张，成了一种恶性循环的趋势。粮食问题的根源是耕地危机。对耕地的合理利用及保护是一项基本国策，随着城镇化的不断深入，农村建房将持续快速发展。黄土高原地区为了节约耕地，人们选择在不宜耕种的陡坡上建设窑洞村落，是丘陵沟壑区乡村聚落值得深入研究的发展途径。

生土建筑作为中华古老文明的见证，充分发挥了生土材料解放土地、节约能源、保护环境、争取空间、节省投资、热稳定好、保温性能良好、节省工料、就地取材、因地制宜的优势，同时生土材料还有调湿、隔声、透气、防火、能耗低、造价低等特点，并且使用后可以回归自然或回收再利用，完全符合低碳、节能的要求。位于生态脆弱区的西海固地区，由于气候严酷、自然资源匮乏，生土材料最易取得、最易加工，故使用范围也最为广泛。其次，利用少量的木材、石材、麦草、芦苇、柳条等各种能够方便获得的建筑材料进行多种多样的组合，完善了土拱结构、梁柱结构、夯土墙承重等结构体系，将土壤、木材等建筑材料的可塑性等优良特性发挥得淋漓尽致，这些技术操作方法灵活而紧密地结合了地方资源配置和地域生产生活需求。如表 6.1 所示，生土民居的营建有其特征，更有其不可替代的优势。

生土民居的营建特征及优势　　　　　　　　　　　　　　　　　　　表 6.1

类型		选址	住居形态	降雨量	优势
窑洞	靠崖窑	山坡、土崖、冲沟处，随等高线布局	形态多样，有单孔、多孔，纵横向，窑前是开阔平地	300～500mm	就地取材、节能、节地、无污染
	下沉窑	平坦的塬面	方形或矩形地下院落，四壁闭合封闭的地下四合院	300～500mm	就地取材、节能、节地、无污染
	箍窑	平坦的黄土丘陵地带，方便取土，就地取材	土坯发券，无覆土，尖券拱形，窗极小	200～300mm	冬暖夏凉、节能、节地、无污染
土坯房	平顶房	平川、黄土塬、中部干旱带	平屋顶无瓦，无组织排水，出檐较大	小于300mm	就地取材、土木结构、节能
	单坡顶	黄土丘陵地带、坡地	单坡屋顶，有瓦，屋面坡度30°～45°	300～400mm	就地取材、土木结构、节能
	双坡顶	山地、坡地	双坡屋顶，起脊，房顶有瓦，坡度在20°～45°	600～700mm	就地取材、土木结构、节能

6.2.3 简便易行的建造技术

1.生土墙体夯筑技术

夯筑是分层进行墙体建造的方式，民间俗称"夹板筑墙"，是指在模板之间填充糙土，利用外力加以夯实，使土质更加密实牢固，形成的夯土墙体取材方便、绿色、低碳、坚固、保温、隔热性能良好，利于夏季防暑、冬季保温。这种夯土墙体在我国黄土高原地区以及新疆的广大地区千百年来一直被使用并延续至今。

西海固当地的夯土墙一般采取下宽上窄逐步收分的构造方法，俗称"干打垒"、"版筑"。在施工时，先用石块加固好地基，然后在地基上用砖石或碎石砌一段墙角。墙体材料一般用黏土、黄土与石灰（比例为6：4），或者黄土、细砂与石灰掺拌，将拌好的材料填入自制的模具中，用石杵夯实，拆除下层木头，移动到上层来再固定好，重复以上动作，一层层夯实，连续不断直到墙体施工完成。

夯筑过程中采用的填土模具主要分为椽模和板模。椽模，用立杆、椽条、竖椽、撑木等做墙架；板模，则用木板做墙架，包括侧板、挡板、横撑杆、短立杆、横拉杆等。打夯时，常常两人或四人手持夯具由墙基两端相对进行，这种打夯方法叫做相对法；另一种相背法，与相对法方向相反，是由墙基中段向两端进行；还有一种纵横法，人们一组横向，一组纵向，分两组进行，左右交错。

2. 土坯制造技术

土坯是西海固地区最为常用的建筑材料。土坯的制作技术分为干制坯和湿制坯两种。

干制坯是将木模置于平整的石板上，将草木灰、细砂抹在木模四壁和底部以方便脱模，然后将黄土掺入适量比例的水搅拌成的泥放入木模中，先用脚踩实呈中间鼓起的鱼背形，最后用石杵子夯打平整后，脱模风干。

湿制坯是先在黄土中掺入约3cm长的麦草，沤闷两三天后和水拌成泥填入木模压实，其他工序与干制坯相同。

3. 土坯砌筑技术

当地土坯的砌筑技术丰富多彩，常用的有六种：①平砖顺砌错缝式，上下两层错缝搭砌，搭接长度一般不小于土坯长度的1/3，因是单砖墙，故墙体较薄，稳定性差，高度受限制，但因施工简单，应用较为广泛；②平砖顺砌与侧砖顶砌组合式，这种做法是在平砖顺砌或错缝砌筑时，每隔一层加砌一层侧砖顺丁；③平砖侧顺与侧丁，这种做法与上一种做法类似，用平顺、侧丁、侧顺三种方式交替砌筑；④侧砖、平砖或生土块全砌，全部用丁砌或顺砌，因墙体产生的全部为通缝故安全性较差，故仅限于围墙砌筑；⑤平砖丁砌与侧砖顺砌上下层组合，是双砖墙，错缝搭接，故承重性能较好，多用于砌筑承重墙和独立窑洞的拱顶；⑥侧砖丁砌与平砖丁砌上下层组合，承重性能好，多用于房屋的承重墙。

4. 屋顶构造技术（图6.17）

无瓦平屋顶土坯房的屋盖为梁、檩、椽，上铺苇箔、麦草，面层抹草泥

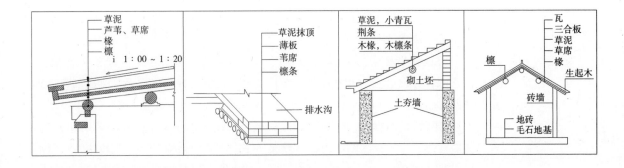

图 6.17 西海固地区平顶、单坡顶、双坡顶民居屋顶构造示意图

10～15cm，屋面坡度较平缓。因表层草泥常遭雨水冲刷，故每隔两年要上一次房泥。单坡屋顶，房顶一面高，一面低，不起脊，出檐较大。这种屋顶形式分为有瓦和无瓦（草泥抹顶）两种形式。

双坡型屋顶采用硬山搁檩木屋架，椽上架薄板，或内衬苇席，上压青瓦或红色机瓦。

5.生土墙体防潮技术

生土墙体的防潮处理依然采用当地材料，一般民居的土勒脚上铺 3～4cm 厚的麦草、芦苇、玉米秆等做防潮层，就地取材方便简易。当墙体砌到总高度的 2/3 时，从外墙每隔 1m 用木楔打入防潮层，砌完后再从内墙打入木楔，用挂灰抹面。泾源地区石材丰富，大多民居采用石头作地基防潮处理，同心县下马关一定也有用片石做防潮层的做法，同时也有用石灰做防潮层的。

面对复杂的地理地形条件、匮乏的建材资源条件，宁夏传统民居普遍采用以"土"为主的建筑形式，其种类多样、手法灵活，创造了与之相适应的结构类型、空间形态，充分展现出传统生土建筑的强大的环境适应能力。在这一物质平台上，形态各异的民居建筑与回族文化习俗相结合，更加呈现出宁夏民居丰富多彩的地域特色。宁夏传统民居中蕴涵着大量"适应资源"，"适应气候"，"低成本、低能耗、低污染"等宝贵而朴素的营建思想，这是宁夏人民在适应生态脆弱地区中积下来的宝贵的生态智慧与策略，对于当今西北新农村聚落与新民居建设，均具有重要的启示意义。[153]

6.3 传统回族建筑的装饰规律

6.3.1 回族建筑雕刻艺术

1.回族审美格调

对美的向往和追求是人类精神生活的重要内容，从原始氏族部落开始，人类就已经萌发了对美的认识和鉴赏的意识。"宗教往往需要利用艺术来使我们更好地感到宗教的真理"，以强化教徒的信仰。伊斯兰教吸取了早期阿拉伯人的审美观念、态度和情趣，通过理性的深化形成全新的世界观和人生观，从而支配着穆斯林的审美心理，在全世界范围内形成了别具一格的伊斯兰美学思想和伊斯兰文化艺术。[154]

一神论思想决定了伊斯兰教把无偶像崇拜作为审美的基础，同时，入世的哲学思想决定了穆斯林热爱自然、欣赏自然，积极追求现实生活中真实的美。中国回族穆斯林崇尚清真，"清真"二字不仅是回族精神世界的浓缩性指向，也是回族对人与人、人与自然、人与宇宙关系的一种把握，更是回族审美观的形象标志。[155]

在民居装饰方面，当地汉族以砖雕、木雕和彩绘为主。木雕多用在大门、窗扇部位，常用主题图案包括"麒麟送子"、"喜鹊弹梅"、"二龙戏珠"、"凤凰展翅"、"花开富贵"、"多子多福"等。镶嵌在门楣、门头上的吉祥词语以及附在檐柱上的楹联、对联则充满浓郁的传统文化气息。

回族在中国主要与汉族交错居住，在长期杂居的条件下，各民族之间的文化渗透是潜移默化的，而表现在建筑装饰艺术上，除了具有浓厚的阿拉伯伊斯兰风格外，在装饰技法、用材等方面充分吸收了汉文化传统装饰的内涵与特点，将两种不同的装饰文化完美地结合在一起，随着时代的演变和谐发展。

回族文化丰富多样并且极具特色。穆斯林喜爱单纯、朴素和自然的颜色，而很少用混杂的颜色。在民居建筑内、外的色彩处理中，常喜用绿、白、黄、蓝、红五种色彩，"富于生机"的绿色、"纯洁"的白色、"代表农耕文明"的黄色、"广阔而深远"的蓝色等都被当地穆斯林用来装饰他们心中最为神圣的清真寺。它们的文化含义丰富而又深刻，知觉和表情亦呈多样性，象征了穆斯林民族的自然、质朴、清和与不加粉饰的民族性格。

2. 回族雕刻艺术

宁夏地区所采取的建筑材料决定了当地的整体建筑风格，不同地区的民居聚落在色彩和表面肌理上有各自特点。利用生土的可塑性，创造出各种各样的细部处理手法，打破单一材料、单一色彩带来的平淡感。例如用土坯按照不同的组合方法砌筑墙体，表面有起伏变化，显出质感与韵律美；将生土材料进行虚实处理，使受光面与背光面呈现出不同的光影效果，打在墙面上，具有装饰效果，营造出美感。

清真寺建筑运用木雕、砖雕等装饰技法将伊斯兰装饰纹样，尤其是将阿拉伯文字的变体融入传统木构建筑装饰中，将西海固作为全国最大的回族聚居区的伊斯兰文化特色演绎得十分富有特色。

1）木雕

由于木材易加工的特点，木雕成为传统建筑中重要的装饰形态。《营造法式》中有大木、小木、雕木三作。木雕工艺可分为线雕、隐雕、剔雕、透雕和圆雕。

西海固地区清真寺礼拜大殿多用板门，外檐用成片的隔扇门窗，形成整体效果。固原二十里铺拱北、同心清真大寺的外檐挂落及礼拜大殿的隔门就同时采用了传统建筑装饰中剔雕与透雕两种木雕手法。装饰纹样则以三交六椀、双交四椀或变体的菱花窗为主，隔心的棂格密集，花纹多而不同。同心清真大寺礼拜大殿的外檐柱枋之间装饰了云纹挂落，连拱板上端则有透雕植物和阿文图案，下端也采用透雕暗八仙的题材进行装饰（图 6.18）。

图 6.18　西海固地区木雕组图

图 6.19　河州砖雕组图

2）砖雕

宁夏砖雕艺术历史悠久，地下考古发掘表明，宋代以来雕刻艺术就很兴盛，而且风格多样。宁夏的砖雕艺术品，主要保存在各类古建筑和回族拱北建筑中。甘肃河州砖雕（图 6.19）与宁夏砖雕有着深远的渊源。砖雕图案的内容体现了中华传统文化的精华，具有多重象征和深层寓意。在建筑装饰上，特别是在雕刻艺术上，形成了以回族为主体又融合了其他民族传统的独特风格。伊斯兰教义认为，雕塑、绘制任何人物、动物形象都属不义行为。但又由于汉文化的长期深远的影响，中国传统建筑装饰中常用龙、凤、鸟、蝶等动物象征（图 6.20）。西海固地区的回族建筑，特别是拱北建筑中的许多砖雕艺术形象，都是传统建筑装饰的常用图案。在回族砖雕艺术中出现频率很高的是松、竹、梅图案，松、竹、梅被喻为"岁寒三友"，有着独特的文化积淀。《八卦图》，也称《阴阳八卦图》，它在伊斯兰教嘎迪忍耶门宦的拱北中出现的频率也较高，嘎迪忍耶门宦称"拱北亭"为"八卦亭"，这说明它吸收了中国道家文化的一些内涵。

6.3.2　回族建筑的阿文书法艺术

1. 阿拉伯文字（图 6.21）

阿拉伯文字形式比较完备、系统化是在公元 6 世纪初期，它脱胎于奈伯特文字，经伊拉克的希拉、安培尔及台德木尔等地区流传到阿拉伯的西贾兹地区，形成了两种比较统一的规范化的形体：一种叫"库法体"，又名"棱角体"，另一种叫"纳斯赫体"，又名"盘曲体"。由于《古兰经》的不断传抄，于是形成了抄写者个人和地方特征，出现了麦加体、麦地那体、巴士拉体、伊拉克体、伊斯法罕体。到倭马亚王朝时开始运用到建筑、绘画、雕刻等方面，成为一门

图 6.20　西海固回族砖雕组图

图 6.21　阿拉伯文字体展示（网络资料）

装饰性很强的艺术。阿拉伯字母点的增设使得阿拉伯书法更加适应时代的需要，艺术形态更趋于成熟。

阿文书法又称"经文书法"，它是以《古兰经》和"圣训"为基础的阿拉伯文书法。过去，传入中国的伊斯兰教经典数量有限，于是抄写经典就成了穆斯林宗教生活的重要内容。久而久之，经常性的抄写活动形成了穆斯林独有的阿文书法，并由此产生了一些阿文书法家和书法流派。阿拉伯文字独具的间架，创造了用毛笔书写的"毛笔体"和扁笔书写的"改兰体"。"毛笔体"将中国传统毛笔的性能运用到阿拉伯文字的行运之中，中阿相融，字体圆滑妍润，富于变化。"改兰体"用的扁笔一般是自己制作的，笔的大小取决于字体的需要，可大可小，用扁笔书写的字迹在墨色的涩、润、浓、淡变化方面比圆笔更为明显，令书写者的精神和情趣得以充分体现。有的书法家把中国体和库法体融在一起，这种书法称为"综合体"，"综合体"是穆斯林文化的重要组成部分，阿文书法也同样受到汉文化的影响，在形式和内容方面，表现了伊斯兰文化与汉文化的完美结合。

2. 阿拉伯文字在清真寺建筑装饰中的应用 [156]

阿拉伯书法的用途和实用价值极为广泛，主要有以下几点：①用于书写《古兰经》和伊斯兰先贤的名言佳句。从伊斯兰教创传至今的 14 个世纪，一切版本的《古兰经》字体，均为手抄，这在书法史上是没有先例的。②用于伊斯兰建筑装饰，如清真寺凹殿、墙壁、梁柱、门厅等均饰以经文书写艺术，或彩绘，或雕刻，给人以庄严、肃穆、华丽之感。此外，钱币铸造、墓碑雕刻、拱北修缮，也运用阿拉伯文书法表现其魅力。③用于书写哈里发、素丹宫廷的敕令、文告以及重要文献、契约、庆典贺词等，一般由书法家专司。④用于书写国家机关、学校、商店、工矿企业的牌匾，各类书籍、报刊、影视戏剧的标题与广告，各种艺术性展览，会场布置，工艺品装饰等，以美化环境，美化生活。⑤在现实生活中，阿拉伯书法艺术更是走进了穆斯林的千家万户。各种饰有阿拉伯书法的挂毡、铜盘、陶瓷、珐琅、贝壳备受欢迎。中国穆斯林创造的经字画，用中堂、对联等形式裱褙装帧，甚为中外穆斯林所喜爱，成为中阿文化交汇融合的象征。

在西海固地区的穆斯林民居、饭馆、商店、回族中小学校等场所，一般都挂有用圆笔或扁笔书写的阿拉伯文的门匾、"中堂"或"条幅"，这不仅体现了回族特色，同时也起到了一种艺术装饰效果。当地清真寺不仅采用中国传统建筑风格，而且也接受了中国传统固有的文化艺术形式——楹联匾额，尤其是在中国传统建筑风格为主的清真寺里，用于清真寺吉布拉壁面和大殿门扇上，大量采用各种书写体的阿拉伯文字，作为装饰题材组成图案。还有用阿文书写《古兰经》和"圣训"中的语句组成富于装饰效果的图案，用来装饰圣龛、西墙、照壁等。采用中国的装饰手法如用楹联、匾额，内容上则宣传伊斯兰教教义。阿文书法又称"经文书法"，它是以《古兰经》和"圣训"为基础的阿拉伯文书法。清真寺里的楹联匾额（图 6.22），是中国传统建筑艺术的重要部分，是伊斯兰文化与中国传统文化相融合的产物：其形式是中国传统的，而其内容则是伊斯兰教的。这些楹联匾额用儒家的语言，包括佛教的思想来阐释伊斯兰教，使伊斯兰文化带上了鲜明的本土风格和本土特色，这就是宁夏（也是中国）伊斯兰文化的又一特征。

6.3.3 回族民居装饰的宗教化

伊斯兰教是一个提倡两世吉庆的宗教，在鼓励穆斯林追求来世幸福的同时，也主张兼顾现世，穆斯林在今世通过努力能够获得精美的食物和舒适宽敞的住

图 6.22　阿拉伯文对联、匾额

所。西海固地区的回族民居的建筑装饰艺术，从题材、构图、描线到敷彩都有匠心独运之处。由于受宗教教义限制，建筑雕饰常采用植物、几何、器物、文字纹样，形成自身特有风格。[157]

《古兰经》云："真主以你们的家为你们安居之所。"（16：80）当地回族群众家中只要经济条件允许都会有挂在墙上的图画或者壁毯，装饰主题都是天房克尔白或者阿文语录。由于伊斯兰教的入世性决定的宗教与教民的生活习俗紧密相连的特点，使得民居室内陈设表现出浓烈的宗教信仰特征，却并不影响装饰与陈设的亲和感和舒适感。

回族民居室内装饰的中堂、对联作为中国传统文化的产物，其形式完全与汉族的相同，只不过在内容上完全不一样。阿文书法的内容通常是《古兰经》言，也有回族先贤言、回族教主的格言警句。汉族室内的中堂多以水墨形式绘制自然山水图，鹤、牡丹等代表吉祥的动物、植物图画。回族民居室内中堂忌讳有动物图画，也没有植物图画或者山水画。这是因为：回族在以信主和经商为主导的思维下，他们的精神世界表现出很少见的单纯与宁静。在这点上，回族与汉族有很大不同。汉族的室内陈设有怀念祖先的牌位，有托物言志的对联与写意情怀的山水画，有寄情于物的艺术品与盆景。总之，汉族的室内陈设表现出宗族观念、祖先崇拜、寄情于物；而回族的室内陈设只表现出宗教信仰。回族的宗教信仰渗透到了其生活中，回族的生活习惯与其他民族有相异的地方，这同样也表现在室内陈设上。

由于伊斯兰教禁止偶像崇拜，因而回族在其居室的装饰及物品安排中，严格恪守有关宗教禁忌，在屋内一般看不到有人或动物形状的图画和雕塑，而是用挥洒自如的阿拉伯书法艺术和富有伊斯兰特征的"克尔百"挂毯及中国传统山水画（无动物）来美化居室。有时在主房的门楣上方贴有阿文书写的"都哇"❶，据说其有治病、驱邪之功能；在经常礼拜的地方专置礼拜用品，如拜毡、拜巾、衣帽、盖头、泰斯比哈（礼拜用的串珠）、戴斯达尔（礼拜时男子缠在头上的一种装饰品）等，它不能同其他衣物放在一起，以示尊贵和洁净；睡觉的床、炕忌迎门而置，睡觉时注意头向西边。

❶　都哇：伊斯兰教的功修和礼俗用语。阿拉伯语音译，意为"祈祷"。亦译"都阿"、"杜阿义"。

第7章 西海固回族聚落的
发展策略

传统回族聚落的营建规律体现着西海固当时当地人类顺应自然、改造自然、创造适宜人居环境的高超智慧。然而,回族传统聚落面对今天的快速城市化、生产方式、生活方式的剧烈变化,聚落的生存与发展陷入危机。

本章在分析西海固聚落当前困境的前提下以及对地区传统聚落营建规律的研究基础上,认为:西海固地区回族聚落的发展应该遵循聚落发展演变的规律,顺应自然地理的变迁,适应生产方式的转变和社会进步的要求,以保护生态环境、改善人居环境为前提,提出西海固地区回族聚落的发展策略。

7.1 回族聚落面临的困境

人类为了创造宜居的生活环境,自古以来不断努力适应和改造自然。以上章节研究的传统村落因地制宜,强调人与自然的和谐统一,是传统儒家"天人合一"思想与伊斯兰教生态自然观相融合的物质体现。随着社会的发展与文明的不断进步,人类越来越重视对居住环境的构建。然而,随着农村经济情况的好转和生活水平的提高,面对今天人与环境、资源的尖锐矛盾,乡土建筑、乡土聚落的营建与发展陷入了前所未有的困境,以西海固为代表的我国西北典型的生态脆弱区开始面对前所未有的严峻的人居环境危机。

7.1.1 人居环境不断恶化,传统聚落特征淡化

1. 人居环境不断恶化

西海固地区的广大农村随着生态环境的改善、生产生活方式的转变、经济发展模式的转型、社会传统观念的变化,农民的生活方式和行为模式都急速地步入一个前所未有的转型期。20世纪80年代,西海固地区主要开展了自然保护区建设、小流域综合治理、退耕还林还草工程以及生态移民工程,减轻了生态环境压力,增加了农民收入,在一定程度上缓解了人地矛盾。但由于人口的绝对增长和家庭人口结构的分化,导致了住宅建筑的数量膨胀、宅基地的被动扩张。从此,传统聚落缓慢发展变化的节奏被彻底改变。90年代随着家庭经济条件的好转,城市化过程以及信息产业的发展引发的乡村社会意识、居住观念和生活方式的变化,使得乡村聚落的封闭格局被彻底打破。改善居住条件与

环境的需求加强，聚落由此再次向外缘扩张，集体预留的宅基地被逐步侵占。农民互换土地，集中建筑用地，或者在山地、农田、旱地建房。同时由于乡村聚落基础设施建设、环境建设与聚落扩张速度不匹配，聚落开始向无序化方向发展。

乡村聚落无序化发展带来的人居环境问题大大增加。以固原市为例，乡村生活垃圾及部分城市垃圾的转移带来的污染问题，给当地居民生活以及粮食生产埋下了安全隐患；乡镇企业的工业废水、废气、废渣随意排放严重污染了农村环境，水资源的污染更是人类无法补救的最大危害；卫生问题也是农村近些年表现最为突出的环境问题，早期农耕社会的农家肥是能够被利用的肥料，生产与生活是一个稳定的生态系统，而现代农业增产基本靠化肥解决，于是旱厕便成为农村环境卫生的公害。以上论述的垃圾污染问题、工业污染问题以及卫生问题成为了当今西海固地区乡村聚落人居环境面临的主要问题。

2. 传统聚落空间形态消失

西海固地区传统村落以自给自足式农牧经济为主，村落大多是内向聚合式空间形态，一般采用生活性道路与生产性道路合二为一的交通体系。现在受城市化、信息化的影响，产业结构由较为单一的农牧经济向运输、旅游、商业等多元化经济方向发展，村落发展对于外部交通的依赖越来越强，要求生活性街道与生产性道路分离，原本宜人的聚落空间尺度被拓宽的生产性道路打破，于是传统乡村聚落空间的集约性下降，结构形态趋于消解。加之生活方式的改变，许多过去与生产生活密切相关的传统村落构成元素需求度的下降，如水井、麦场、戏台等公共空间、设施的使用率降低，也导致了传统村落空间形态的减退。回族聚落空间形态消失最为突出的表现是，随着经济多元化的发展，聚落交通、信息的通畅，回族聚落重心开始向集市贸易处和交通便捷处转移。聚落中心由以往的单一核心发展为多元经济下的多元核心。

3. 乡土建筑特征消减

乡土建筑作为乡村景观的重要组成部分，最能体现乡村的特色，是乡村聚落人居建设的重要环节。乡村聚落的民居建筑建设要适应当地的自然、气候环境，更要尊重地域文化。

然而，当地乡村建设，到处大拆大建，将公路附近的传统村庄全部拆除，改建为不伦不类的"形象工程"，毁坏了大批乡土建筑；不尊重当地的文化特点，采用"一刀切"的政策管理，规划设计不调研，方案千篇一律，使传统村落的历史风貌荡然无存。有些将高速公路、省级道路两侧的民居墙体涂刷成同样的颜色，有的甚至给原来符合地域气候的平屋顶民居加上了假的"坡屋顶"，不仅造成了极大的浪费，还使得村民传统的生活方式、审美观念受到了极大冲击。由于当地的建筑营建技术多是口头相授，新一代不重视技术的传承，导致地域建筑营建技术失传，地域建筑特征消失。

4. 弃窑建房浪费严重

窑洞建筑由于其本身的建造特征导致的室内环境、建筑安全性等问题也不

图 7.1　窑洞的室内环境差

图 7.2　箍窑暴雨后坍塌

图 7.3　彭阳群众弃窑建房

容忽视。由于窑洞民居的建造方法导致室内只有一个可以通风的洞口，故进深稍大就会产生日照不足、通风不畅、潮湿等缺点（图 7.1）。同时，由于黄土材料本身的局限性导致窑洞建筑内部开间不能太大，安全性方面则表现出结构整体性、稳定性、耐久性及抗震性较差的缺点（图 7.2）。

　　更重要的是，当地居民认为窑洞、土坯房都是贫困的象征，只要经济条件具备，就弃窑改建砖瓦房（图 7.3）。形体简单、施工粗糙、品质低下、能耗极高、安全性极差的简易砖混房屋在乡村已随处可见。由于砖瓦房的蓄热保温性能远不及窑洞，冬冷夏热，并没有达到改善室内环境的效果，反倒增加了建房的成本，浪费资源，增加了农民的经济负担。同时由于绝大部分新建工程缺乏科学设计及专业引导，仅仅依靠农民根据经验自行建造，建设中使用的不合格建材与不科学的技术使质量安全隐患很多（图 7.4）。

图 7.4 回族群众使用新材料（黏土砖、钢筋混凝土）建造房屋

7.1.2 传统民居安全性差，聚落抗震问题突出

1. 土坯房安全问题突出

由于生土材料本身所固有的基本力学性能和耐久性方面的缺陷，导致窑洞、土坯房在结构安全性、耐久性方面都存在一定缺陷。加上长期自然、气候环境的侵蚀，较为普遍的问题是：主体结构受损、地基不均匀沉降、墙体开裂，梁、柱、檩、椽等木构件有较大变形，屋面漏水、渗水等现象严重。

根据周铁钢、段文强等发表的相关论文中总结的 2010 年末西部各省份农村危房统计数据（表 7.1）可以看出宁夏农村危房率占到 23.51%。

2010 年末西部地区各省份农村危房统计数据　　　　　表 7.1

序号	省份	农房调查总量（户）	C、D级危房数量（户）	危房率（%）	序号	省份	农房调查总量（户）	C、D级危房数量（户）	危房率（%）
1	四川	4134	523	12.65	7	陕西	3666	435	11.87
2	重庆	4513	735	16.29	8	甘肃	3346	901	26.93
3	云南	4649	883	18.99	9	宁夏	3198	752	23.51
4	贵州	3085	701	22.72	10	青海	814	357	43.86
5	西藏	815	435	53.37	11	新疆	5270	1713	32.50
6	广西	5888	764	12.98	12	内蒙古	3737	913	24.43

资料来源：周铁钢，段文强，穆钧等.全国生土农房现状调查与抗震性能统计分析 [M].西安建筑科技大学学报（自然科学版），2013，45（04）：487-492.

2. 聚落抗震问题突出

历史时期西海固地区就饱受地震灾害的侵扰，从公元 406 年至 1920 年，西海固及其周边地区发生的对西海固有影响的 5 级以上地震 35 次，其中 6 级以上地震 10 次，包括了 3 次 7 级地震和 1 次 8.5 级地震。西海固地区是宁夏也是全国地震强度大、破坏最严重的地区之一。[158]

由于西海固地区聚落分散，布局零散，基础设施差，经济发展缓慢，导致建筑技术较为落后。历次地震灾害后，聚落建设都遭受巨大打击，最为严重的一次是 1920 年的海原大地震，12 月 16 日海原县、固原及甘肃与宁夏交界区域发生里氏 8.5 级特大地震，震中位于海原县县城以西哨马营和大沟门之间，震中烈度为 12 度，地震共造成 28.82 万人死亡，约 30 万人受伤。当时，大量窑洞、土坯房坍塌，使当地群众的人身、财产安全得不到根本保障。当地聚落布局与建设问题较多：村庄规模小且分散，目前大的村庄人口在 450 人左右，小的只有 150 人。基础设施配套困难。村庄内部道路狭窄，人畜车共用。农民建房随意性较大，房屋坐落于山体附近，危窑危房比例很大。农居危房改造建筑仅在旧有土坯房、土木房屋基础上用石灰乳刷白墙面与重搭瓦屋面的简单处理措施，不但解决不了保温隔热等问题，更远不能抵御地震灾害。供水工程防灾能力差。[159]

7.1.3 生态移民新村规划建设的潜在问题

20 世纪以来，世界范围内的资源耗竭和环境问题加剧，全球生态环境恶化。我国在全面推进现代化建设的进程中，经营方式粗放，生产工艺落后，自然资源的开发与利用不合理，加重了原本生态环境脆弱的西部地区的环境恶化[160]，严重影响了当地居民的生产生活，致使一些地区居民基本的生存发展需要也难以维持而沦为"生态难民"。

西海固地区是我国生态移民的典型区域之一，自新中国成立以来，经历了吊庄移民、扶贫移民、生态移民三大历史阶段的发展。从 20 世纪 80 年代开始，在国家政策的引导以及大力支持下，自治区党委、政府立足于区域自然、生态、社会、文化背景特征，组织并实施了规模空前的移民工程，到 2010 年初，累计搬迁南部山区 56 万人，正在及规划搬迁安置的生态移民（"十二五"期间）近 35 万人。[161]但是生态移民毕竟是一项关乎国家稳定、民族和谐、生态平衡的大工程，不仅关系到迁出地的生态环境的恢复，也同样会影响到迁入地百姓的生产、生活以及价值观念的诸多转变、适应的问题。所以，生态移民工程的实施过程也难免会出现一些问题。

1. 移民新村规划建设中产业布局单一

由于在迁入区的新村规划中将开发土地、增加粮食产量、解决农村贫困人口的温饱问题作为主要任务，新村的规划建设模式就是进行土地开发，发展以粮食为主的种植业，进行自给性生产，移民新村经济发展难以突破低层次封闭循环的模式。宁夏生态移民区目前仍有 40% 以上的农户属于绝对贫困户，20% 以上的农户难以从事正常的生产和维持生计，正走向返贫。[162]

在对移民新村的产业规划中，没有充分考察迁入地区的土地资源情况，反而在不适宜粮食种植业的地区大力发展粮食种植，例如宁夏最大的移民新区——红寺堡就位于宁夏中部干旱带，土地资源多、质量差，沙地、盐碱地面

图 7.5 某生态移民新村规划方案及建成的移民新村"兵营房"

积较大，土地不平整，水资源极度匮乏，必须要靠扬黄灌溉进行农业生产，由于土地干涸，生产用水量大、水费高，导致大量种植业基本处于负债生产的状态。不结合当地生态环境、资源条件的单一性、低层次的产业布局，既破坏了迁入地的生态环境，又影响了迁入移民的经济收入和生活质量。

2. 移民新村规划设计脱离农村生活习惯

移民安置区村庄规划大多为简单的"兵营式"布局（图 7.5），由于建筑设计缺乏对地域建筑的调研，设计住宅参考城市建筑，家家户户一个样，道路景观趋同。例如宁夏地区最大的移民社区——红寺堡镇的团结村，村内设计有南北向道路 8 条，东西向道路 6 条，相互交叉形成了 40 多个十字路口，由于所有农宅立面外观、色彩设计都一样，没有设计道路标识，导致本村住户常常迷路，找不到自己的家。外村亲戚、朋友到访更是无法辨别方位，这种简单粗暴的规划设计方式让村庄毫无人情味、毫无特色，甚至让人厌恶，最为严重的是给群众的出行及相互间的基本交往都带来了诸多的不便。

在农宅设计上，完全不考虑农民的生活习俗，当地的移民安置区村庄规划只考虑了一种模式，即每户宅基地与庭院经济田连为一体，靠道路的一侧供群众建房，另一侧发展庭院经济，每户占地 1.5 亩。没有考虑移民家庭人口结构与城市单核家庭人口结构的差异性，西海固地区家庭人口最少 4～5 人，多的可以达到 10 人以上，入住移民点时就出现了一家三代人居住在 $54m^2$ 的套间里，严重影响了群众的生活质量，引发了家庭矛盾，增加了移民社会的不稳定性。同时，设计师没有考虑农村生产工具的堆放、农机具的停放问题，没有预留足够的空间，使得农民自己乱搭乱建，占用经济田的违章建筑村村都有（图 7.6）。

3. 村庄的基础设施布局不完整

移民新村在规划设计初期只对村落布局、道路结构、林带、水渠、电网、自来水管网等进行了总体设计，但均未考虑统一的垃圾堆放点、污水的排放设施、公共空间、场院的设置。厕所问题更是突出，农民在原来的迁出地使用的均为旱厕，移民新村户型设计中有的直接按照城市居民的生活习惯在户内设置卫生间，但卫生间仅有给水而无统一排水，即卫生间虽有，但实际无法使用。还有的设计干脆将卫生间设计在院落的一角，这一点比较符合农民的生活习惯，设计依然按照城市的水厕考虑，留有上水，可以冲水，但无法将粪便排出厕所，因为没有排水设施，更没有考虑统一的化粪池，以致有厕所没法用（图 7.7）。

图7.6　移民新村院落空间狭小，室内空间不足

图7.7　没有上下水的厕所就是摆设

政府的投入不但没有让农民的生活得到改善，反倒带来了更多的麻烦。由于各家庭园的地势普遍高于门前道路，各家排出的污水肆意流入村内道路，而垃圾则随意堆放在道路两侧，严重影响了村容村貌，污染了村庄环境。

村落规划没有从可持续发展的角度进行设计，用地规模太小，没有预留村落发展空间，仅将住宅区、村委会、道路、卫生所、学校、自来水供应站等一些常规用地纳入规划，而将农民生产最基本的需求空间：秸秆堆放地、粮食打、碾、晒场地没有纳入用地规划，更没有考虑村落的预留发展空间，导致家家户户院落间堆满了柴草、草垛，有的甚至挤占了村道路两侧的防护林，对村落环境造成了严重的影响和污染。由于没有规划粮食的打、碾、晾晒场地，导致村庄中的硬化场地、道路及穿村而过的柏油马路等都成了碾粮晒草的场地，不仅影响了来往车辆的通行安全，也为村庄的消防埋下了隐患。[163]

4. 宗教场所设置与移民教派情况不匹配

由于移民工程实施的主要对象是回族聚居的西海固地区，搬迁到移民安置区后，政府采取了"插花安置"的原则，即将原本一个村落的移民分别安置在不同的移民社区中，打破了移民在原住地的居住格局，原有的一村一教派（门宦）的分布格局也被打破。[164]同村不同教派的信众建立各自不同的清真寺，出现了一个村多个清真寺的现象。由于清真寺的建设成本是由教派所在的门宦出一部分资金资助，而大多数资金是由教派内信众共同承担的，这样就在无形中增加了回族群众的生活、宗教成本。

由于最初急需宗教场所，群众自发盖起了大量设施不全、条件简陋的清真寺、沐浴间等，这些建筑大多属于临时建筑，建筑质量差、安全性低，现在要求翻建的宗教场所越来越多。有的村庄不同教派的群众由于搬迁初期资金原因，暂时在一起集中开展宗教活动，然而随着经济条件的改善，提出分坊建寺的也越来越多，而愿意合坊的却寥寥无几。根据表7.2所示的统计数据可以看出，红寺堡区52个村庄中仅有4个合坊。有学者建议应该根据教民教派情况，适度安排清真寺的数量，一般人口在1000人左右可建1座中型清真寺，尽量杜绝一村同派多寺的现象。[165]然而，根据相关统计数据可以看出，到目前为止，根本没有超过1000人的寺坊，最少的教坊仅有470人。

<table>
<tr><td colspan="5" align="center">红寺堡移民新区伊斯兰教派及宗教场所总体情况表</td><td>表7.2</td></tr>
<tr><td>教派</td><td>清真寺（座）</td><td>信众（人）</td><td>单一教坊人数（人）</td><td>备注</td></tr>
<tr><td>格迪目</td><td>12</td><td>10800</td><td>900</td><td></td></tr>
<tr><td>哲合忍耶</td><td>53</td><td>28775</td><td>542</td><td></td></tr>
<tr><td>虎夫耶</td><td>23</td><td>22530</td><td>979</td><td></td></tr>
<tr><td>尕德忍耶</td><td>16</td><td>10500</td><td>656</td><td></td></tr>
<tr><td>伊合瓦尼</td><td>73</td><td>34346</td><td>470</td><td></td></tr>
<tr><td>赛莱菲耶</td><td>5</td><td>4070</td><td>814</td><td></td></tr>
<tr><td>合坊</td><td>4</td><td></td><td></td><td></td></tr>
<tr><td>总计</td><td>186</td><td></td><td></td><td></td></tr>
</table>

根据：丁明俊.移民安置与回族"教坊"的重构——以宁夏红寺堡移民开发区为例[M].回族研究，2013，89（01）：81-90.

7.1.4 关于回族聚落发展策略的思考

20世纪80年代以来，城市化水平的快速发展伴随着城乡间生产、生活要素的流动性加剧，流动方向也更为复杂多元。生产、生活要素在乡村地区不断进行分化和重组，深刻影响着乡村聚落空间结构的形成及演变。[166]在工业化和城镇化的背景下，现代人的生产生活方式相对传统农耕经济产生了巨大变化，从而对人居环境在形式及功能上都有了新的要求，而许多传统建筑和聚落空间无法满足这样的要求。[167]

西海固地区回族传统聚落的可持续发展以及生态移民新村都面临着巨大问题：首先是传统聚落特征淡化、人居环境不断恶化；其次，传统聚落空间布局不能满足不断增长的生产、生活需求，安全性差、聚落防灾减灾问题突出；第三，自 20 世纪 80 年代就开始实施的生态移民工程规划建设至今仍然困境重重。

在分析西海固聚落当前困境的前提下，结合前 6 章内容对地区传统聚落营建规律的研究认为，西海固地区回族聚落的发展应该遵循聚落发展演变的规律，顺应自然地理的变迁，适应生产方式的转变和社会进步的要求，以保护生态环境、改善人居环境为前提，提出西海固地区回族聚落的发展策略：一是传统聚落的保护与更新；二是乡土建筑技术的优化与提升；三是生态移民背景下的新型回族村落规划与建设。

7.2 回族聚落发展策略一：传统村落的保护与更新

传统村落是指拥有物质形态和非物质形态文化遗产，具有较高的历史、文化、科学、艺术、社会价值的村落。传统村落承载着中国传统文化的精华，是祖先农耕文明不可再生的宝贵遗产。2012 年以来，我国住房和城乡建设部、文化部、国家文物局、财政部等部委连续发布一系列重要文件，在全国范围内开展传统村落调查，旨在加强传统村落的保护。

传统村落是经过漫长的历史时期，不断发展演变而来的，然而随着近年来城镇化、产业转型、人口和生产生活要素在城乡间的流动对农村的影响日益加深，传统村落的发展不断受到严峻挑战。村落原有的空间肌理、结构形态面临解体，传统建筑风貌随着新农村建设的逐步推进而濒临消失。据湖南大学中国村落文化中心对我国 17 个省，902 个乡镇，9700 多个村主任的调查显示，传统村由 2004 年的 9707 个，减少到 2010 年的 5709 个，平均每天消亡 1.6 个传统村落。❶ 近年来城乡一体化进程的推进和国家对美丽宜居村庄建设的日益重视，如何推进传统村落的更新与发展也成了刻不容缓的问题。

7.2.1 传统村落保护与更新的引导原则

1. 保持传统村落活力的可持续发展原则

伴随着乡村人口向城市流动速度的不断加快与社会、经济发展要素的加速重组，多元化发展路径为乡村发展带来了机遇，但同时导致耕地的锐减，破坏了乡村的生态环境，对乡村人居环境产生了巨大的负面影响。空废化、人才过度流动破坏了乡村社会秩序，加速了乡村文化的衰落，使得乡村聚落活力快速减退。

传统村落的保护与乡村的可持续发展一直是世界各国城市化进程中普遍存在的难题。与历史建筑的保护不同，乡村聚落是农民生产、生活的基地，村民的认同感和归属感以及聚落的活力都是保证乡村聚落可持续发展的重要因素。村落的保护不仅仅是物质形态和技术层面的保护，改善社区人居环境（物质）也要注重恢复及保持村落社区活力。

---

❶ 冯骥才. 传统村落的困境与出路 [EB/]. 中国日报网（http://www.chinadaily.com.cn/micro-reading/dzh/2012-12-07/content_7703059）.

乡村聚落社区活力的营造不单是产业、经济的发展，同时也应关注社区精神、社区价值以及社区凝聚力的培养。就村落的发展而言，只有形成了较强的认同感、归属感，才能更好地发展合作经济，真正实现可持续发展，这才是乡村聚落生活的魅力和价值所在。

2. 居民自发性与政府行为相结合的更新规划原则

自发性更新是最重要的村落建设活动，是聚落精神、价值及凝聚力的最直接的体现。自发性建造是当地居民为改善自身生活环境，以单个家庭为决策单元，自主决定房屋的选址、风格、施工方式、投资大小等的行为或结果。作为一种基本的建造组织方式，自发性建造具有存在广泛性、实施开放性、表现多元性三个主要特征，其中实施过程中时间、人员、规则、形态、目的上的开放性最为本质。作为大量个体行为的集合，自发性建造充分反映了建筑地域性自发生成的内在规律。[168]

西海固地区大部分属于贫困地区，群众的文化素养较低，对环境价值缺乏理解，缺少资源危机感，生态环境意识淡薄，生态保护常常让位于经济发展。[169]当地居民是聚落建设中更新与发展的主体，所有的工作都离不开当地群众的参与。所以必须深入了解群众的居住需求，充分发挥当地居民保护地域文化的积极性，激励当地居民保护自己的村落。正如社会学家特纳所言："一旦居民掌握了主要的决策权并且可以自由地对住房的设计、营造维护与管理等程序以及生活环境做出贡献时，则不但形塑而且激发了个体和社会全体的潜能。"[170]古代的乡村人居环境建设有着自身的特殊性，它是由文人、匠人、堪舆家、村中"望族"与村民共同参与的一种村民自组织的建设方式。[171]然而，传统聚落人口结构异变导致其自组织能力变弱，在城市化、乡镇工业化的冲击下，传统村落原有社会、人口结构发生变化，精英人才大多已经进入城市，老、弱、病、残为主的底层群体成为传统村落的常住居民，这种非正常人口结构不利于集体智慧的产生。过去的"自下而上"的自组织方式的村落建设，在今天很难以过去的"精英人物"参与的方式进行，所以必须和今天"自上而下"的政府组织的方式相结合，通过村民委员会协调政府、建筑师、规划师、专家以及村民共同参与，通过这种方式调动居民参与村落建设、人居环境建设的积极性，使他们建立自觉、自愿、自主的可持续发展意识。让居民参与村落改造的全过程，从规划、建筑设计、材料选择至施工建设的整个过程，使村落的更新发展真正符合当地居民的意愿，真正做到自发性建造。

3. 基于产业转型的聚落空间形态多元化更新原则

聚落空间形态是社会、环境、文化的产物，由于社会转型时期的态势是多元的，聚落所处环境是多元的，聚落文化风俗也是多元的，因此，对于聚落的更新与重构也应该是多元的。所以在聚落更新与重构的过程中没有统一的模式可以遵循，单一的村庄规划模式忽略了各地区的差异、城乡的差异、不同乡村的差异，导致规划方案与社会现实脱节。

对于聚落更新与重构的规划方案，必须结合社会转型期的背景，结合当地环境、风土人情的具体情况进行空间肌理、尺度的合理定位。在实施过程中必须尊重当地农民原有的生产、生活方式以及农民对新的生产、生活方式变革的适应程度,从而实现聚落空间形态更新的多元化目标。

针对西海固地区传统聚落空间形态特征,结合当前农村产业转型的大背景,对传统回族聚落的保护与更新提出三种途径:①以回族特色资源利用为核心的聚落保护与发展体系;②以循环农业为核心的农村绿色社区规划体系;③以水、土地资源高效利用为核心的聚落更新体系。

7.2.2 以回族聚落人文、自然资源利用为核心的保护与发展

以住房和城乡建设部、文化部、财政部《关于做好2013年中国传统村落保护发展工作的通知》等相关国家政策为契机,帮助宁夏建立传统村落档案,进行保护与发展规划,开展传统风貌保护修复、人居环境整治与改善、产业提升发展等工作,从而促进宁夏传统村落的保护与发展。

对于村落的保护与发展不能仅仅局限于传统民居建筑、文物建筑保护的视角,或者局限于"三农问题"的角度探讨农村、农业、农民的发展问题,因为乡村不仅是农牧业生产基地,也是健康生活、休息、生态、旅游、环保及科普教育方面具有综合功能的区域。因此,"台湾在20世纪'90年代的经济转型升级中,提出与乡村有关的精致农业、观光旅游、文化创意、健康养生、生物科技等五大产业,实际上已经对乡村的综合功能有着全新的认识。"

西海固地区的乡村聚落发展也应该借鉴中国台湾地区乡村社区营建的策略,充分挖掘传统文化、回族民俗、生态体验、有机农业、乡村旅游,以吸引资金和人口的回流,重新恢复社区活力,实现乡村聚落的真正可持续发展。结合西海固旱作农业区的气候、地形、民风、特色民俗等条件进行生态旅游规划指导下的建设活动,形成以农作物和特色民俗为主的农业景观。通过生态、文化旅游规划实现农村景观多元化、特色化,从而形成良好的人居环境,吸引大量城里人来农村度假,建立不同主题的旅游、度假规划体系。

1.传统乡村回族宗教、民俗文化旅游资源的开发

西海固地区是回族人口聚居、密度最大的区域,悠久的历史和独特的回族风情是宁夏人文旅游资源的重要组成部分。回族是具有丰富历史内涵和独特文化的民族,回族文化、回族歌舞、回族节庆、回族宗教、回族饮食服饰、回族民间艺术以及孕育在回族民众之中浓厚的民俗民风[172],应该说是一个巨大的资源宝库,是宁夏最能吸引异域游客的特色旅游资源之一。大力开发西海固地区传统回族民俗、文化等宝贵旅游资源并进行合理规划建设,是引导当地农民发展致富、建设美丽乡村的必由之路。

位于银川市永宁县纳家户的回族人口占全村人口的98%,回族人口中纳姓人口又占了75%。回族人口和同一姓氏人口数量的绝对优势使纳家户民族文化具有极大的同质性,形成了宗教信徒、宗教场所、宗教职业者、宗教管理者一套完整的宗教系统,使纳家户成为了银川市最典型的穆斯林村寨。加之纳家户

图 7.8 纳家户村回族风
情街

北距银川市 21km,南距吴忠市 37km,可成为承接宁夏最重要的两个旅游区——
银川地区和银南地区客源流动的重要环节[173],区位优势十分明显。永宁县政
府着力打造的沿黄标志性旅游景区景点——纳家户回族风情街（图 7.8）占地
面积 2 万 m²,是集特色餐饮、民俗文化、旅游纪念品及土特产品销售为一体
的综合性回族特色文化展示商业街。商业街可容纳商户 200 余户,解决 400 多
人的就业问题。

2. 以六盘山景区为核心的自然、人文旅游资源开发

以六盘山国家自然保护区为核心的西海固回族聚居区自然景观和人文景观
资源都十分丰富。六盘山区自然景观地形多种多样,有黄土地貌、山地地貌、
河谷地貌、丹霞地貌等,有丰富的动植物资源,还有富含矿物质的温泉水,有
丰富奇特的山岳、峡谷、河流、湖泊、瀑布等不同层次的自然景观,非常有利
于旅游资源的开发。

自然景观资源中地质现象主要有六盘山白垩纪地层剖面,海原大地震遗址、
六盘山、南华山等山地构造地貌景观,火石寨国家地质公园、固原须弥山丹霞
地貌等;水文景观中著名的有清水河、泾河、二龙河、葫芦河、祖厉河、荷花
苑、老龙潭等。六盘山同时也是野生动物的栖息地,有野生动物 200 多种,其
中有些是国家一类保护动物。

人文景观中著名的则有海原西安乡新石器遗址、好水川古战场、瓦亭关故
址、战国秦长城、须弥山石窟、固原古城墙、元代安西王府、将台堡红军长征

纪念亭、西吉南华山灵光寺、天都山石窟寺、海原金牛寺、隆德龙岗山石窟、西吉扫竹岭石窟等。

固原市原州区黄铎堡镇毛家台子村（图7.9）与全国十大石窟之一的须弥山隔河相望，全村68户农民2008年的人均收入只有2310元。每年有10万名游客在须弥山旅游，由于景区没有餐饮住宿场所，很多游客要坐车40多公里到固原市区。2014年，原州区抓住自治区开发建设须弥山景区的时机，由扶贫办、交通局、文化局、水利局、妇联、三营镇等共同筹资260万元，改造院落27户，新建、改造房屋54间，硬化村道2km，使全村自来水入户率达到100%，此外还新建休闲广场，砌筑古城墙、古墓一座，在周边山头种植树木8000多株。不到半年，一个环境优雅的旅游村就呈现在游客面前。村支书高建歧说："目前村里已接待游客七八千人次，近期又有5户农民自己投资搞起了农家乐。"可见，聚落环境的改善对于聚落的产业调整和经济发展至关重要。

3. 以农业科技园为依托的农业景观生态旅游规划

农业科技园是以市场为导向，在一定的区域范围内以当地自然资源、社会资源优势为基础，充分发挥农业科技进步的优势，广泛应用国内外先进适用的农业新技术的农业发展新模式。西海固地区土地资源和光、热资源都很丰富，但水资源缺乏，适宜建设旱作节水高效农业科技园。结合宁夏成熟的枸杞等特色产业，开展枸杞优良品种引选、节水高效种植技术研究、有机枸杞非充分灌溉技术模式与灌溉制度等方面的研究和示范。自然农业景观同高效农业科技园观光旅游相结合，依托自然农业景观、现代化农场、园林场、牲畜养殖、果品加工基地、花卉园等农业高科技园的农业观光旅游的开展将成为西海固旱作农业区农民增收、改善民生的重要途径。

7.2.3 以循环农业为核心的农村绿色社区规划

循环农业就是采用循环生产模式的农业，是一种以资源的高效利用和循环

图7.9 毛家台子村鸟瞰

利用为核心，以"减量化、再利用、资源化"为原则，以低消耗、低排放、高效率为基本特征的农业发展模式。

1. 循环农业技术体系

西海固地区回族聚落集中的区域内北部同心县及中部海原县等地区都是旱作农业区，应以水土保持为主导，通过马铃薯、苜蓿、经济生态林木等多种植被覆盖途径，多渠道防止水土流失。同时根据旱作农业特点发挥马铃薯种植加工和水土保持型果树栽培的主导产业优势，发展"粮—薯—菌—畜—沼"农业循环经济模式（图7.10）。以循环农业为核心的可再生能源利用技术与农村环境综合整治体系是通过太阳能技术、沼气技术及农产品高效加工技术等的应用将当地可再生能源（如太阳能、秸秆、牲畜粪便、沼气等）进行高效利用，在提高农业生产效率、节约生产成本的同时美化农村环境，在实现村容村貌的综合改善的同时从用能结构角度降低聚落生活、生产能耗，符合低碳乡村的规划目标。

2. 农村绿色社区规划与建设

在传统聚落的更新与发展过程中，必须以产业转型与规划为依托，坚持节能、节水、节地、节材以及对可再生能源的有效利用。通过村庄规划、功能空间布局、院落组织以及单体建筑设计层层深入，将聚落更新与循环农业的发展综合考虑，实现能源的高效利用。

农村绿色社区的规划与建设主要包括：绿色社区规划建设技术和新型绿色民居设计技术两个大的方面。其中绿色社区规划建设技术可以针对西海固地区

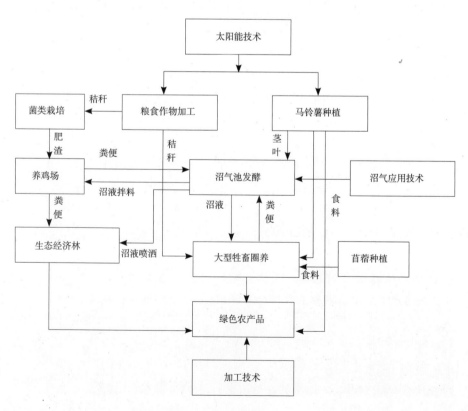

图 7.10 "粮—薯—菌—畜—沼"农业循环经济模式示意图

地形地貌的差异结合前面章节对聚落类型的分类指导：①旱作塬区、平川区绿色生态社区适宜性规划建设；②丘陵沟壑区绿色生态社区适宜性规划设计与建设；③川道区绿色生态社区适宜性规划设计与建设。

新型绿色民居设计技术可以根据本论文中回族乡土建筑方面的研究成果结合新型建筑材料的开发，形成：①新型绿色民居建筑空间设计技术集成；②民居防灾减灾构造技术集成；③新型绿色民居建筑施工技术集成。

7.2.4 以土地资源、水资源高效利用为核心的聚落更新

西海固大部分地区位于宁夏中部干旱带，属于典型的旱作农业区，这里水资源极度缺乏，自然环境恶劣，水土流失严重，自然灾害频发，农业产业结构调整层次低，农村经济落后。由于旱作农业区农业生产条件差，粮食产量低而不稳，土地利用结构不合理，产业结构不合理问题突出，农村经济落后，导致农业基本建设投入低、基础设施薄弱，抵御自然灾害能力差。调整和优化农业结构，建立新型高效农业发展模式是该地区农业生产发展、农村经济增长以及乡村聚落更新的必由之路。

1. 土地资源的集约化规划原则

西海固地区乡村聚落除光、热、优势矿产资源外，土地资源的人均占有数量极少、质量极差。传统聚落更新与发展的重要途径之一就是要改变当地的农业生产粗放经营的特点，大力发展开发实用节地技术，提高土地资源的综合利用水平，特别是农业用水、生产用地、居住用地的集约化水平。通过农业产业模式的创新、节地技术的不断改良，以产业布局规划促进生产用地的调整合并，带动相应居住用地的调整，达到集约化的目标；有效组织村落体系的功能、结构，优化村落体系空间结构，有效调整聚居区位的转换，逐步拆除部分过于分散和偏远的衰落村落，保留宜居、规模适中的一般村落，扩大区位优越、交通发达、设施健全、特色突出的重点村落。通过对不同区位、规模、经济情况的村落建设用地以及耕地的整合，真正实现农村聚落的良性集约化发展（图7.11）。

2. 水资源承载力直接影响着地区聚落规模及产业方向

宁夏位于黄河流域中上游地区，全区由于降水量稀少，蒸发量极大，故引用黄河水量基本占到全区用水总量的98%（2003年），西海固地区主要城镇、聚落也都位于黄河二级支流近旁，旱作农业区的生产基本是靠天吃饭。在工业布局上，宁夏工业主要分布在川区，川区占91.8%，山区占8.2%。宁夏农业经济结构以种植业为主，牧业次之，林业、渔业的生产水平较低。在2000年的农业总产值中，以粮为主的种植业占60%，牧业占33%，林业占4%，渔业占3%。在农业总产值中，灌区农业为61亿元，占79.8%。[174]如果将宁夏全省分为西北和东南两个部分，会发现西北部的水资源占全区87.4%（包括银川市、石嘴山市、吴忠市），城镇及人口数均占63%以上；而东南部水资源仅占12.6%，城镇人口19.4%。城镇面积也基本与水资源所占比例相当，这些数据

图 7.11 基于土地资源集约化利用的村落区位整合(根据唐承丽等.基于生活质量导向的乡村聚落空间优化研究[J].地理学报,2014,69(10):1459-1472.清绘)

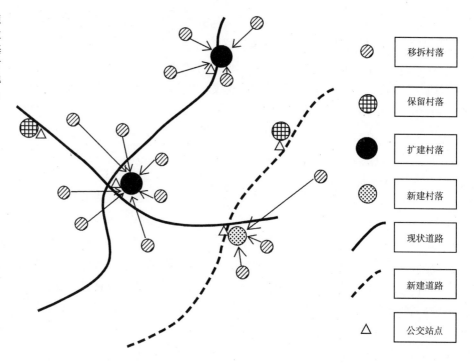

	移拆村落
	保留村落
	扩建村落
	新建村落
	现状道路
	新建道路
△	公交站点

都充分说明了水资源承载力不但是产业布局的决定性因素,也是城镇规模的重要影响因素(表7.3)。

宁夏各地级市城镇规模、水资源规模、土地面积比较表　　表7.3

项目	城镇规模(万人)及其比重		水资源规模(亿 m²)及其比重		土地面积(km²)及其比重	
银川市	204.6341	31.6%	13.91	26.8%	8874.36	13.3%
石嘴山	74.1586	11.4%	8.01	15.8%	5207.98	7.8%
吴忠	131.2456	20.2%	23.22	44.8%	21419.55	32.3%
固原	126.4281	19.4%	6.59	12.6%	13450.23	20.3%
中卫	110.7244	17%			17447.61	26.3%
全区总计	647.1908		51.73		66399.73	

数据来源:根据《2012年宁夏统计年鉴》相关数据统计得到。

3. 水资源高效利用结合院落空间布局的生态农业建设

水资源短缺与利用效率低是制约旱作农业区新农村建设发展的最大瓶颈。必须以优化水资源配置为核心,高效集聚天然降雨,大力发展节水灌溉技术,建立现代集水型生态农业体系。建立现代集水型生态农业体系就要利用人工集水面或天然集水面形成径流,在储水设施(如水窖)中存储雨水以供必要时进行补灌,并与农作物种植结构调整相结合,才能高效利用降水资源和农业资源,为西海固地区旱作农业区的可持续发展提供保障。

雨水是旱区农业生产的主要水源,通过雨水集聚、节水灌溉,高效利用降水技术,如设施补灌、压砂补灌、膜下滴灌、移动滴灌、覆膜坐水点种、分

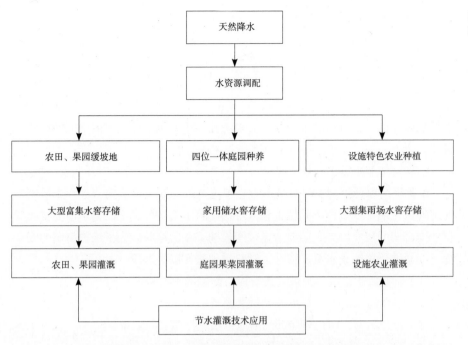

图7.12　现代集水型生态农业技术流程图

株点浇等,这些实用抗旱节水技术可以有效提高降水资源就地利用和灌溉效率。四位一体型院落空间生态农业建设模式是以生态温室为主体构建的家畜禽舍—厕所—沼气池—蔬菜瓜果有机结合的生态循环链(图7.12),能够实现物质能量循环利用,同时发展高效生态农业。旱作农业区气候温凉,无霜期短,冬季干燥少雨,日照充足,利用当地传统院落空间横向展开、房屋布局松散的特征,建设"四位一体"温室蔬菜栽培,可充分利用太阳能、家庭型水窖储水、人畜粪便等资源,不但能够形成很好的农业生态循环系统,还能很好地整合院落空间,实现土地资源的集约化合理利用。

4. 土地资源高效利用的设施农业产业化建设

马铃薯产业是宁夏旱作农业区的特色产业和支柱产业,采取"集雨场＋蓄水窖＋集雨补灌＋特色作物种植"技术模式种植马铃薯,以形成覆膜保墒集雨补灌旱作节水特色农业。旱作区马铃薯产量增长速度较快,重点开发马铃薯优良品种繁育体系,加强种植基地和贮藏设施建设。马铃薯淀粉深加工以及在医药、精细加工等方面的开发研究也在不断探索中。围绕龙头企业加快建设产品原料基地,组织规模化、标准化、产业化生产,形成"企业＋基地＋农民"一体化发展的新格局,促进农民快速增收。

结合西海固地区旱作农业区地广人稀、聚落土地利用率低的特征,充分利用闲置的耕地,利用现代化的农业技术建立设施农业,不但能在局部范围改善和创造环境气象因素,还能为动、植物生长发育提供良好的环境条件,能够实现高效生产的农业。通过挖掘旱作区自然资源优势,培育壮大当地优势比较明显的西甜瓜、地膜玉米等主导产业的设施农业产业化建设,不但能够推动传统农业向可持续发展的高效生态农业转变,同时为聚落环境改善提供经济基础。

7.3 回族聚落发展策略二：乡土建筑技术优化与提升

7.3.1 生土建筑选址的优化 [175]

传统的生土建筑具有取材方便、施工简便、成本低廉、材料加工过程低碳、无污染、热工性能好、可再生等优势，但同时也有其弊端：材料力学性能较差、房屋抗震性能弱，材料耐水、防蛀、防潮性能较差以及建筑室内空间环境质量较差。

1. 窑洞与土坯房建设基址选择

在黄土高原开挖窑洞时宜选取黄土节理清晰、无明显竖向节理、土质密实稳定的黄土层开挖。在不同位置和区域挖窑除了要按照黄土的力学性能变化规律处理窑洞的尺寸以外，还要考虑民间长期实践的经验。为了维护窑洞的安全稳定，必须严格防止水浸、渗漏。同时必须避开以下地段：

（1）避开历史地震、滑坡、泥石流、崩塌的边坡地带；

（2）避开河床地带，避免进入泄洪区域；

（3）避开山脊、山丘等局部凸出地带；

（4）避开低洼地势，同时与陡峭山坡保持3m以上安全距离。

2. 土坯单层住宅基址的选择

房屋建造尽量利用原有宅院，避免占用耕地。尽量选择地势平坦、土质坚硬的黄土塬，排水方便的高地。山区则要避开土质疏松的台地边缘和陡坡下面，避开已经有水侵蚀裂痕，有可能引起滑坡和崩塌严重的山梁，同时避开地下水位较高的区域。

3. 地基与基础的要求

建房必须要开挖基槽，槽底最好置于老黄土上，在西海固地区的海原县属于湿陷性黄土地区，基础埋深不宜小于50cm。根据当地情况，可用素土、2：8灰土或3：7灰土分层夯实。灰土（三合土）基础厚度不宜小于300mm，宽度不宜小于700mm。

7.3.2 生土建筑设计的改进

1. 建筑空间回应现代生活需求

传统生土建筑由于其建筑材料性能先天的缺陷导致的建筑空间单一、功能单一，室内空间交叉性强导致私密性差，室内采光、通风较差，加之卫生条件差，所以，很难满足现代生活的要求。

对于窑洞建筑设计的改进，可以从以下几点考虑：①优化室内布局，使窑洞民居"住得下、分得开"，合理划分功能空间；②合理配置室内热环境和光环境：卧室与起居室等主要房间设置在南侧，厨房、卫生间等辅助房间设置在北侧，在北部墙面开小型高窗以满足室内通风、采光；③室内空间横向展开布局，加强内部空间的联系，同时采用轻质隔墙、家具等进行空间划分；④在窑洞的后部设置通风竖井或捕风器，促进室内的通风和自然采光。

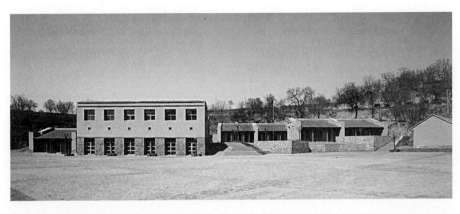

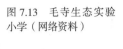

图7.13　毛寺生态实验小学（网络资料）

对于不能满足居住要求的窑洞，应合理利用窑洞结构坚固，选址交通便利，室内温度、湿度较为恒定的特征，拆除室内原有的灶台、土炕等设施，加设塑料大棚和通风设施，建设食用菌栽培温棚。

2. 建筑体形宜简单、规整

生土建筑的各类房屋体形应简单、规整，平面不宜局部凸出或凹进，最好呈矩形，立面不宜高度不等。纵横墙的布置应均匀对称，每开间均应有横墙相隔，横墙间距不宜大于3.3m。不宜采用外廊砖柱式。加建房屋时，应避免齐缝连接、材料不一致、层高不相等等不利于抗震的做法。另外，烟囱应独立砌筑，不要设在墙体内。以土坯为承重墙的生土建筑，宜建单层，层高不应大于3.3m，建议2.9m。[176] 屋顶采用木檩条时，开间可放大至3.6m。

7.3.3 生土建筑材料的改性

利用生土材料建造房屋是全世界最为广泛存在的传统建造形式。从20世纪五六十年代以来，欧美发达国家就针对生土材料及其建造技术现代化应用进行了大量的基础研究，已经有效地克服了生土材料在防水、耐久性以及抗震方面的缺陷。

1. 土坯砖材料的改性

国内也有部分学者对生土材料的优化与提升进行了大量的研究和实验，例如在生土材料里按照一定比例添加生石灰、淀粉、稻草等价格低廉、在农村极易获得的材料，从而改善生土材料的防水性、防蛀性以及抗剪性。最为突出的实例则是2005年在甘肃省东部庆阳县建成的毛寺生态实验小学（图7.13），该项目即利用当地自然资源和改良土坯及砌筑技术兴建校舍，在气温达到-12℃的冬季，无需任何采暖措施，仅靠40多个学生的身体散热，便可达到适宜的舒适度。该校舍的建造成本仅为具有同等抗震、保温效果的常规砖混房屋的1/2，且施工是由本村农民自行建造完成的。[177]

2. 夯土材料的改性

根据原状土土质构成的不同，掺入一定比例的细砂和砾石，保持适当的水分，并施加高强度的夯实击打，土中的黏粒可起到胶粘剂的作用，夯筑体的密度被相关实验证明可以高于烧结黏土砖和土坯砖，而仅略低于混凝土。同时，一定比例细砂和砾石的加入和高强度的夯击，还可以有效地提高夯土的耐水性和抗冻融能力。生土材料中添加麦秸可以提高其抗折强度、抗压强度。

7.3.4 生土建筑构造、施工技术的改进

国外对于以夯土技术为代表的生土建筑材料及结构的科学原理、施工机具及方法，进行了较为深入的研究，已经形成了具有广泛应用价值的夯土建造技术体系。

1. 土坯与窑洞构造技术改良

首先需要统一土坯尺寸，如一般土坯为 360mm×170mm×80mm。改习惯的干砌、立砌为泥浆（适当加一些麦草、麦糠等）卧砌，横竖缝内都要有泥浆，要搭接错缝，特别是纵横墙交接时一定要咬槎，禁止通缝。在纵横交接处，每隔 30～50cm 用荆条或芦苇拉接。[178] 在满足采光要求的前提下，土坯或土筑墙宽度应保证不小于 1.2m。

窑洞应根据选址所在的黄土情况选择适当的尺寸进行开挖（表 7.4），不同土质情况下选择不同的跨度、最小覆土厚度以及窑洞高宽比，以防墙体由于温、湿度变化发生不均匀沉降引起的结构问题。由于土坯拱对边形非常敏感，故要经常注意维修。

对于土木平房，墙体要求使用同一种材料，土墙四角加砖柱的做法不可取；如有条件，可采用穿斗木架结构。同时木梁、木檩不要直接搁置在土墙上，应在墙顶用木板条或者砌上三皮砖（用水泥砂浆砌筑）做一道闭合圈梁，以分散梁、檩传来的集中力，增强建筑物的整体性，有利于抗震。

		宁夏西海固窑洞推荐尺寸								表 7.4
地区	地震烈度　黄土层	新黄土（晚更新世 Q3）			老黄土（中更新世 Q2）			古黄土上部（早更新世地层上部）		
		七	八	九	七	八	九	七	八	九
宁夏西海固地区	窑洞最大跨度（m）	3.3	3.2	3.1	3.4	3.3	3.2	3.5	3.4	3.3
	最小覆土厚度（m）	5.0	5.0	5.0	4.5	4.5	4.5	4.0	4.0	4.0
	最小窑腿系数（$K=b1+b2/B1+B2$）	1.0	1.1	1.1	0.95	1.1	1.1	0.9	1.1	1.1
	窑洞高宽比 H/B	1.0	~	1.3	0.9	~	1.2	0.9	~	1.2

注：根据侯继尧，王军．中国窑洞 [M]．郑州：河南科学技术出版社，1999：33 表 1.3.6 改绘。

2. 夯土墙体构造技术改良 [179]

传统夯土技术历史悠久，具有就地取材、造价低、施工简便、节能低碳等优点，但由于是人工操作，人为因素影响较大，因此存在施工不规范、基础埋深不够、原状土含水率过高或过低、石料粒径不一致等问题，导致墙体密实度低、抗震性能差等安全隐患。基于夯土材料优化原理而形成的适宜夯筑技术，在施

工质量、效率等方面都优于传统夯筑技术。

1）墙体中加入"构造柱"和"圈梁"

这里的"构造柱"不是砖混房屋中的钢筋混凝土构造柱，而是在房屋的四角以及内外墙交接处设置的木柱（直径依据房屋高度而定，一般不小于120mm）；"圈梁"也不是砖混房屋中的钢筋混凝土圈梁，而是在房屋夯土墙体内部水平方向设置的木梁，这些木梁的交接处有牢靠的连接。

2）竹子或木头筋的加入

在夯土墙内部，沿着高度方向，每两个板墙之间设置通长的水平拉接的竹条或木条，每层竹条或木条的数量不少于三根，并且在竹条或木条纵横交接处用铁丝绑扎。

3）竖向销键加固

夯土墙体上下层的接缝处设置短木棍、竹片等竖向销键，用以提高墙体接缝处的水平抗剪性能，销键之间的间距不大于1m。

3. 夯土墙体的施工改良

为了充分利用夯土的力学性能和其他优势，使夯土墙体在现代房屋建设中最大限度地发挥作用，有学者专门针对夯土建筑施工进行了改良研究。新型夯土建筑施工对于从测量放线、基坑开挖、基础施工、墙体夯筑、圈梁浇筑、檩椽架设、屋面处理到门窗安装的一系列工序都进行规范，作为新型夯土建筑施工工作的直接指导。从施工组织开始就对参加建设的人员进行分组，合理布置施工场地，有效组织人员，充分利用搅拌机、模板、气动夯锤等常用的混凝土施工机械。整个过程操作技术简便、容易掌握，通过科学、规范的施工指导，能很好地将传统材料夯土工艺和现代化施工技术、机械相结合，达到了传统材料、施工技术可持续发展的目的。

7.4　回族聚落发展策略三：回族新村规划与建设

7.4.1　回族新村规划建设的前提

1. 移民的文化适应

文化适应是人类在生存与发展的历程中，积极应对自然与社会环境的变化而建立新文化模式的过程，也是个体和群体在适应自然、社会环境的变迁时，在物质、精神等方面所采取的一系列调整行为方式的过程。移民要真正融入迁入地，必须经过文化适应的阶段，通过对新文化、新环境的积极应对，建立新的文化体系。以往的生活方式、生活环境、心理素质以及精神文化等一系列因素，对于移民适应新的自然、社会、文化都具有重要影响。因此，移民离开了原来的生产、生活环境，进入新的社会环境，试图被迁入地接受或者说真正地成为迁入地的一员，必然要经历一个不同生态环境、生活习俗、语言、生产活动、经济行为、思想观念、宗教信仰、社会组织等方面之间矛盾、冲突、交流直至融合的过程。[180]

集体安置移民，即按移民原有的居住空间关系组织迁移。同村人安置于一个移民社区，新社区村名仍与原村相同。移民来到数百公里外新的自然环境，而社会环境变化不大，相同的背景、习俗、宗教信仰，甚至相同的邻居，因而不需改变其社会生活方式，使移民易于适应新的环境。[181]同时考虑回汉民族文化、风俗习惯的差异，在规划建设移民新村时尽量将回汉民族分开，形成回汉民族各自相对独立的自然村。这样，回汉民族之间既有联系，又保持一定的空间距离，这有利于两个民族之间的交往与经济互动，避免不必要的矛盾和冲突，有利于新的文化体系的快速形成。

2. 回族宗教与生活习俗的调适

在西海固地区，伊斯兰教已经渗入到回族社会生活的各个方面，成为了西海固回族社会生存、发展的文化底色。从个体的社会化开始，到初级社会群体、社会组织，直至民族群体，西海固回族社会处处都烙下了宗教的印痕。[182]

"插花安置"政策打破了回族内部原有的宗教组织格局，并使其面临重新组合。移民搬迁使得长久以来形成的亲属关系、人际关系、社交网络消亡，同时历史形成的教派门宦格局被打破，面临新的组合。回族群众在搬迁时一般希望与同一教派（门宦）群众一起居住，或者居住在本教派（门宦）聚集程度较高的地点，以求得本教派（门宦）的归属感和宗教活动的便利。还有的情况是同一教派（门宦）但不是来自于同一乡、县，群众也不愿意在同一个清真寺中做礼拜。然而政府安置移民更多地是从社会发展和经济因素方面考虑，插花安置固然能够增加不同教派（门宦）群众之间的接触机会，但给回族社区的重构、宗教管理带来一些问题，如清真寺过多，教坊规模小，教坊边界纵横交错等，同时由于宗教场所的建设，无形中增加了教民的经济负担。

生活习俗是人们在长期的生活中，在居住、饮食、服饰、建筑、装饰、婚丧嫁娶等各个方面所形成的约定俗成的习惯。

问题比较突出地反映在居所方面，西海固地区生态移民主体60%以上为回族群众，其生活方式与其他移民有很大的差异，信仰伊斯兰教的生态移民对安置地往往有宗教、丧葬方面等的特殊用地要求，而且出于社会安全、心理归属的考虑，这些移民多不愿意与安置区其他移民混居。在以前的生态移民过程中，对安置区移民的宗教信仰问题重视不够，往往出现安置区内民族间由于生产、生活而产生的纠纷问题，导致安置区社会出现不稳定现象。[183]

3. 移民生产方式的调适

生产方式是指人类为了生存而谋取物质资料的方式。生产方式的调适是移民融入当地社会生活的重要基础。通过调研发现，移民普遍认为，迁入地和迁出地在生产方式上存在较大的差异性。移民在迁出地所形成的根深蒂固的生产习惯和生产经验，惯性地被带入迁入地的生产活动当中。

宁夏移民的迁出地主要是西海固地区，长期以来，当地农民一直延续着靠天吃饭的农耕经营方式，即完全依赖自然条件、气候条件的粗放型旱地种植，种植种类较为单一。这种农业生产方式对生产劳动技术要求较低，对自然环境的依赖性很强。迁入地大多数是引黄灌溉的农业区，从事农业生产要掌握水利工程的浇灌时间、灌水量、次数，同时还要求移民学会良种选育、农业机械的操作技术等，农产品的产量虽然较之干旱区有了明显提高，但增加了灌溉水费、化肥购买等成本，最为重要的是要求农民掌握新的较为复杂的生产技术。

7.4.2 结合产业布局的村庄规划与建设

移民迁出地西海固地区是水资源匮乏区，生产方式以传统农业为主，故当地聚落选址多临近水源或者地下水位浅而较易打井出水的场地。同时为了节约有限的耕地资源，聚落多数集中分布，呈线状或者面状布局，从而减少对耕地的占用，规模一般较小。迁入地的选址原则除根据第6章的传统聚落的选址与布局形态研究结论外，还要符合以下几个标准：

（1）土地资源丰富：土层厚，宜于耕种，开发利用条件好，生态承载有冗余，气候适宜；

（2）水资源充沛：有可供利用的水源，道路施工难度不大，投资额相对较少；

（3）交通的可达性好：靠近公路，对外交通方便，距离城镇较近；

（4）靠近作业区，最远距离不能超过1km（步行5～10分钟），生产便利。

除上述标准以外，聚落选址应注意通风、向阳，便于排水，避开山洪、滑坡及泥石流、地震断裂带等地质、气象灾害地段；避开自然保护区、地下采空区和地下资源区。这些标准的制定原则主要是考虑到生态环境的可持续发展、土地资源的承载力、基础设施建设的完整性、社会化服务体系的健全性、城镇辐射的便捷性等。

新村的规划应该考虑到产业布局与村落发展之间的关系，根据人口现状、产业现状以及产业未来的发展方向进行总体布局。必须围绕生产的可持续发展，从产业结构、用地布局、空间配置方面对产业发展进行指导。由于迁入地的资源禀赋、区位特征以及产业现状等与迁出地往往存在很大差异，因此，如何将村庄产业发展模式落实到村庄规划的空间布局中，以空间的物质形态来引导农村经济的转变与发展是新村规划的关键点。根据村落的产业模式来进行村落规划布局，针对西海固地区的实际情况，产业模式可以分为以农业为主、以工业为主和以文化旅游业为主的三种产业发展模式。

1. 以农业为主的村落规划布局（图7.14）

以农业为主的产业发展模式村落的主导产业类型为特色种植业、优势农业、设施农业以及农产品简单加工、出售，具体的产业方式则是以粮食种植、果树种植、园艺养殖、设施养殖为主，主要发展优势农产品。这种类型的村落规划首先应依托地形地貌特征，保留原有耕地，在不适宜耕种的坡地、山地预留经济林种植地，同时结合河流、水渠位置，集中规划大棚种植用地，合理布局村庄主要农耕用地。村庄道路系统的布局规划要充分利用规划用地周边的原有道路、公路，进行村庄外部路网规划，内部道路结构根据农业产业发展的需求进行合理布局设计，公共空间用地的布局则要体现对农业生产的服务性特征，适量布置农作物堆放空间、打谷场等。

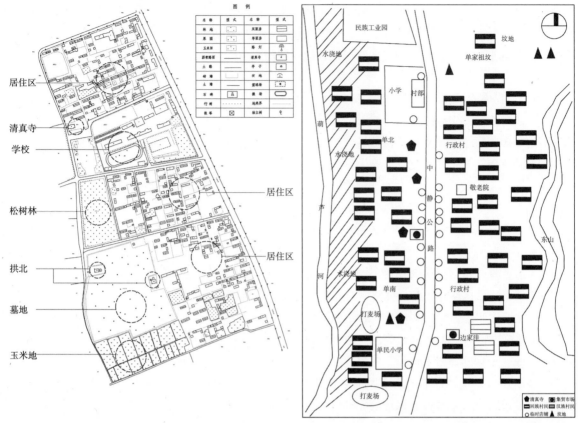

图 7.14 同心县王团镇北村现状布局图

图 7.15 西吉县单家集村落布局示意图（根据马宗保《回族聚居村镇调查研究：单家集卷》插图清绘）

2. 以工业为主、农业为辅的村落规划布局

该类发展模式一般适用于以制造加工业、劳务输出业或者交通运输业为主的主导产业类型。此类村庄规划则应充分考虑到工业产业的特征，例如西吉县单家集村（图 7.15）是宁夏西海固地区一个从以农为主的产业模式发展为现代的以工业为主、农业为辅的产业模式的典型，村庄的西边是葫芦河，沿河西布置耕地，村庄东边是东山，背山面水的总体布局使得村庄沿着南北方向的过境公路发展，居民区介于耕地与山体之间，公共空间则沿着穿村而过的中静公路进行布局，四个清真寺是重要的宗教空间，村部、小学也都沿着公路布置。村庄用地规划布局中，将民族工业园区布置在村北头交通最为发达的区域，同时结合道路的延展方向布局为工业园区服务的临时商铺，充分体现以工业为主导的村庄布局特征。

3. 以文化旅游资源的开发利用为主导的村落规划布局

此类发展模式一般是以民族文化、非物质文化遗产的传承，聚落自然、人文景观的开发利用，农家乐休闲旅游等为主导的产业类型。这类村庄在西北比较典型的是陕西礼泉县烟霞镇的袁家村。袁家村凭借浓厚的关中历史文化遗存，依托唐太宗昭陵景区，开发并建成了集中体现关中民居环境及民风、民俗的农业休闲村。袁家村的村庄规划布局则立意鲜明地依据地理区位，确定了以昭陵旅游景点为辐射圈，以关中民俗休闲体验为主题的设计思想。村落空间布局依据功能、流线进行区域划分，有商贸区、停车场、农家乐区、果林休闲区、关中印象体验区、关中古玩民居区、娱乐运动区、垂钓烧炕区以及寺庙区等几大功能分区。合理组织车流、人流，依据游览路线进行商业布局。同时，将街道景观、院落景观、民居单体建筑的规划与设计全部融入，从整体到局部，成功地将居住、餐饮、生产、生活、休闲、旅游等功能融为一体。

7.4.3 回族新村的空间形态组织

1. 村庄功能空间与结构——以清真寺为主导

（1）清真寺作为单一核心的聚落形态，表现为：一是聚落"以西为贵"，预留向东、北、南三个方向发展的空间，二是聚落民居空间布局应"向寺而居——单一核心"。

（2）清真寺主导的聚落空间，回族聚落的共同特征是以清真寺为核心的居住空间配置，清真寺的位置、寺前广场、道路组织方式决定着聚落的道路网的布局方式，主导着聚落的功能空间、聚落景观空间以及聚落道路系统。

（3）多元的形态中心：随着经济的发展，聚落生产、生活的变迁，清真寺不再是聚落形态的惟一中心，聚落的功能，特别是小集镇、中心镇的功能大大拓展，不再是过去仅有的居住、生活、宗教方面的，而已引申为乡镇工业中心，一定区域内人流、物流、信息流的集散中心和文化娱乐中心。[184] 从过去单一核心的、封闭的向寺而居的聚落形态，向开放式聚落中心发展。

由于经济结构由原来的农牧业为主，转向第三产业的非农经济和乡镇工业的二元经济，使得村民之间不仅是血缘、亲缘、地缘以及教缘的关系，更重要的是生产、经济上的联系，成为典型的业缘关系。文化、信息、产业的不断变化，使得回族聚落以宗教作为同质化基础，向多元的形态中心演变。

2. 村庄规模——以人口、土地资源条件为前提

按照宁夏新农村规划的建设用地标准——建制镇 $80 \sim 120 m^2 /$ 人；村庄 $120 \sim 180 m^2 /$ 人。对于聚落规模的大小，不但要考虑到土地集约、基础设施效益，同时要兼顾聚落选址的位置、气候、自然环境以及土地的生产力等方面。宁夏移民新村的选址多为中部干旱区，土地生产力低下，农业灌溉不便，如果聚落规模过大，往往导致居民生产、生活半径增加。故规划移民安置区的人均耕地 2.0 ~ 2.5 亩，每户庭园面积 1 亩左右；同时，必须考虑到有些地形起伏较大的山区，受到自然条件约束，聚落规模必须较小（表 7.5、表 7.6）。

镇区和村庄规划规模分级 表 7.5

规划人口规模分级	镇区（人）	村庄（人）
特大型	> 50000	> 1000
大型	30001 ~ 50000	601 ~ 1000
中型	10001 ~ 30000	201 ~ 600
小型	≤ 10000	≤ 200

资料来源：GB 50188—2007 镇规划标准. 北京：中国建筑工业出版社.

表 7.6

村镇级别	基层村	中心村	一般乡（镇）	中心乡（镇）
常住人口（人）	≤ 150	500 左右	3000 左右	5000 左右

资料来源：王君兰，汪建敏. 宁夏干旱区新建绿洲村镇居民点与基础设施布局初探 [J]. 干旱区资源与环境，1997，11（02）：58–63.

3. 村庄布局形态——以地形地貌为基础

村庄应根据安置区地形地貌采取不同的聚落布局形态，例如前文总结的西海固地区聚落布局的四种形态：集聚组团型、带状一字型、核心放射型以及串珠状自由型，而不应是现在的统一的矩形或方形的块状布局。村内道路分主干道、环村道和绿化带。环村道路一般 6 ~ 8m，道路两侧各留有 1m 的绿化带；东西方向每 6 排住宅前修建一条宽 10 ~ 15m 或者 20 ~ 30m 的主干道，两侧留有 1 ~ 3m 的绿化带，每 12 户为一个小单元，每个单元的庭园经济田连在一起，同时修建灌溉渠。

新型村庄绿地布局要结合住宅位置和地形条件，采取集中与分散相结合的方式设立绿地。远期绿地面积占居民点用地的比例要达到 5% ~ 6%。要创造条件，结合民俗风情，为成年人设置一定的休闲交往场所，为儿童设置游艺场地。居民点内部的道路应构架清楚，分级明确，宽度适应。道路系统按国家统一标准规划。近期进区干道为砂石路，远期达到柏油路。近期乡（镇）之间通行柏油路，乡（镇）与村之间、村与村之间通行砂石路。远期乡（镇）与村之间、村与村之间通行柏油路。

4. 新型居住空间的合理配置——以现代生活需求为目标

1）院落空间

西海固回族传统民居的院落规模一般都在 1 亩以上（不包括门前的种植与绿化面积），由起居、厨房、餐饮、礼拜、沐浴、贮藏、院落绿化、饲养、杂物、车库等十个基本功能单位组成，体现了较强的生产性、宗教性和经济性。故移民聚落的居民住宅采用院落式，庭院面积 1 亩左右。近期每户拥有 4 ~ 5 间房，实行初步的居住间分工，并提高住宅建筑功能和环境质量。实行食居分离，居、寝分离，体现良好的适居性、舒适性和安全性。[185]

2）室内空间

人均住宅建筑面积不低于 20m^2。远期乡、镇一级居民点楼房住宅，人均建筑面积不能低于 15m^2。回族群众的民居室内空间区别于当地的汉族民居，一般都会划分出礼拜间、沐浴间，根据不同使用功能可以分为：

（1）堂屋，用于招待客人、家庭聚会，正对门的位置墙面上会有伊斯兰教的挂毯或者挂图。

（2）卧室，为生活起居的重要场所，常常布置一个较大的炕。

（3）厨房，常常布置在院落的西北角。

（4）养殖、贮藏、卫生间，均布置在院落的角落里，养殖空间常常布置在院落的南部，与大门结合布置，卫生间布置在正房或者偏房的东北角落。

（5）礼拜空间、沐浴室（常与卧室结合布置），山区有些高房子就是老年人做礼拜的空间，但由于冬季寒冷，采暖不方便，故大多数家庭都将礼拜空间设置在主卧室中，面西的墙面布置礼拜用品，有条件的单独设置沐浴间，简单的做法则是用塑料布隔出 1m^2 左右的沐浴空间，上部悬挂吊罐、淋浴器等。

3）建筑风格

（1）民居形态：将新型聚落的民居形态丰富化，可以根据迁入地的地形、地貌、地质特征以及迁出地民居特征将住宅设计为窑洞、高房子、堡子、单层等坡双坡顶、单层不等坡双坡顶、单坡顶以及平屋顶与坡屋顶相结合的形式。

（2）建筑材料：建筑材料可以充分利用生土材料的优势，结合新型建筑材料，将传统民居的材料优势继承发展。

（3）建筑装饰：尊重迁出地传统民居特色，色彩上则以冷色调为主，条件好的外墙可以采用砖砌或者白色瓷砖贴面，条件差的则为黄土抹墙，自然、质朴。双坡屋顶正脊适当装饰回族民居常用的鸽子、花卉、植物等，也可以用瓦砌成装饰纹样。

7.4.4　民居设计中适宜技术的应用

适宜技术理论的提出是基于现代科学技术与传统发展观之间的尖锐矛盾而产生的。现代科技对人类的文明起到了决定性作用，但是同时也带来了更加尖锐复杂的矛盾：环境恶化、资源枯竭、生态脆弱及文化断裂。

适宜技术（Appropriate Technology）由 W·沙赫提出，适宜技术就是能够适应当地条件并发挥最大能效的多种技术。它是指从促进发展的观点来考虑各种类型的技术，该技术综合考虑当地的环境、能源、经济、文化及社会。

1. 适宜技术的特征

1）地域性与文化性

建筑风格、建筑形式、建筑材料、建筑技术的选择和应用符合特定地域、特定环境、特定文化背景人群的行为模式、生活方式和生产方式。这样的技术往往脱胎于当地的乡土建筑，技术有着明显的本土化、地域化特征。[186]

2）低成本与操作简便性

因地制宜地挖掘本土材料，改进传统的施工工艺，在传承本土建筑文脉的同时减少建造过程中的运输，节约成本，降低造价。适宜技术的可操作性则体现在具有成熟的建筑技术予以支撑，能够适用并广泛推广。同时，对于成熟的建筑技术，可以对传统技术予以总结，在科学的基础上对其加以提高和创新。[187]

2. 民居设计中适宜技术的应用

1）朝向选择

影响住宅朝向的两个主要因素是日照和通风，农村住宅朝向的选择应全面考虑地理条件、气候条件、建筑用地等因素，同时应利于冬季日照和防风，夏季防晒和自然通风等。宁夏地区主导风向，夏季为东南风，冬季为西北风。综合该地区地理、气候条件，适宜朝向为正南或南偏东。这样，夏季可避免过多的太阳辐射，利于通风；冬季可争取最大的太阳辐射，避免冷风入室。[188]

2）平面布局

宁夏当地农宅大多数坐北朝南，采用 L 形或一字形为基本户型，平面布局紧凑，有较好的天然采光。为了利用厨房余热和符合南部山区群众的居住习惯，在次卧布置了和厨房连接的火炕，同时也弥补了冬季阴面房屋热舒适度差的缺点。卫生间则主要是考虑到回族群众洗"大净"的宗教需求，以沐浴空间为主，兼做洗衣房。

3）生态建材的选用

使用材料可根据自家情况而定，可以选择生态环保的建筑材料：①自制土坯砖；②秸秆复合砖、复合板。土坯是当地百姓千百年来建造房屋的首选材料，其优势在前面的章节已经提及，这里不再赘述。秸秆则是农业生产的主要副产品之一，是典型的可再生能源。根据相关研究，秸秆复合板保温隔热性能好，回收率为 100%，可以循环使用。

4）自然通风的设计

自然通风是依靠室内外风的流动造成的风压以及室内外温差造成的热压，促使室内外空气流动以实现空气交换的通风方式。能够很好地利用自然通风的住宅设计是适宜技术的重要表现。自然通风可以减少对空调等设备的使用，降低建筑能耗的同时减少碳排放量，在建筑设计阶段可以利用前后窗户、门、垂直方向的高差，解决自然通风的问题。

5）植物的利用

在农宅的院落空间中设置专门的种植区，养殖树木、花草和常见的耐旱蔬菜，不但能够净化农宅庭院的空气质量，在夏季还能降低太阳辐射温度；院落的非种植区则采取硬质透水砖铺面，下部也能种植草坪，这样既能有效利用雨水，还能减少院落雨天的泥泞。研究表明：树木种植在建筑物前用来阻挡太阳光的暖效应影响，可将制冷成本从 15% 降至 75%，甚至更多。在取暖季节，当太阳光照射在建筑物南向时，可以满足室内空间取暖要求的 30% ~ 100%。树下面的室外温度可以比在阳光下低 4 ~ 7℃。设计中在院内合理的位置预留了种植区。[189]

6）牲畜空间

鉴于原有民居中人活动的空间和牲畜活动空间混杂带来的不便，将牲畜空间下降一定距离（例如 1m），中间留出通道，人和牲畜各行其道，这样牲畜们的活动就不会对人类生活造成太大干扰。

7）沼气的利用

在农村开发利用沼气可以有效解决燃料和肥料的问题，如果能够大力推广则能够有效缓解能源紧缺的局面。目前，宁夏农宅宜采用能够以户为单位自行维护、管理的一家一户式小型沼气池。通常是在院落中选出空间，利用地下空间建设沼气池，上部为牲畜养殖，同时结合厕所建设。还可以利用太阳能牲畜圈结合卫生户厕和高效沼气池，建设"畜—厕—沼"模式的沼气系统。

3. 民居设计中太阳能的利用

太阳能利用包括两个主要方向，即太阳热能利用技术和太阳光伏发电技术。太阳热能利用技术分为两种模式：一是将热能作为能源的主动式利用方法，包括直接对太阳辐射热能加以利用（例如加热，制备热水）和利用太阳热能发电；二是被动式利用方法，例如被动式阳光间、太阳能集热墙等。

我国太阳灶的研究及推广应用工作已经经历了三十余年，从探索性的实验到全国性、有组织的联合攻关，深入的、系统的研究，从试制、试用到工厂化批量生产、大规模推广，从国家无偿投放、补贴推广到商品化销售，目前中国已经是世界上推广应用太阳灶最多的国家，取得了一定的经济效益和良好的社会效益。

由于太阳灶制造技术简单，价格低廉，使用效果比较理想，加之政府补贴力度大，故比较适合在西海固这一类贫困地区推广，也是该地区利用太阳能的重点项目之一。在西海固地区调研期间，随处可见的是家家户户门前用来烧水的太阳灶（图7.16）。太阳能热水器及被动式太阳房也成为了宁夏移民新村大量推广的太阳能利用项目之一。

根据《宁夏回族自治区"十一五"太阳能资源开发利用规划》，建筑设计阶段即与太阳能技术进行结合，利用太阳能热水双联系统作为当地冬季采暖的

图 7.16　聚落对太阳能的利用组图

重要热源之一，太阳能充足时，仅太阳能就能满足采暖需求，不足时可以启动辅助热源进行补充，在农村，太阳能热水双联系统不但满足了冬季供暖，还能给农户常年供应生活热水[190]，在显著降低能耗的同时，有效地改善了农宅的热舒适度。

被动式太阳房是通过调整建筑物的朝向以及建筑物的外围环境，利用室内空间和建筑物的外部形体，选择适当的建筑结构、建筑材料以及建筑形态，使建筑物能够在冬季收集、存储以及通过简单的仪器设备分配太阳能的一种简易建筑物。[191]通过对宁夏地区及青海地区民居的实地调研发现(图7.17、图7.18)，被动式太阳房在民居中的使用已经十分广泛，但是由于没有规范的指导，太阳房的建造和使用过程存在施工不规范、热工性能指标低、达不到太阳房一般设计标准的要求等弊端。针对此类问题，国家和地区相继出台了《被动式太阳能建筑技术规范》(JGJ/T267-2012)、《宁夏被动式太阳房应用技术要点（试行）》、《宁夏农村被动式太阳房应用技术图解》等相关技术规程，有效地规范了宁夏地区被动式太阳房的设计和施工。

但是技术规程主要解决的是建筑物理、建筑节能的问题，目前从建筑设计角度对被动式太阳房与传统民居建筑的造型、色彩、材质等进行统一、协调设计的探索还十分缺乏，造成了地域建筑风格的传承与建筑节能设计的严重脱节，甚至是尖锐的矛盾。

图7.17 青海民居被动式太阳房室内

图7.18 宁夏某移民新村被动式太阳房外观

第8章 结论

8.1 研究结论

8.1.1 结论一

通过对聚落变迁史的研究发现，西海固地区在自然环境、社会环境、人口结构、军事政治环境不断发生改变的过程中，乡土建筑、聚落的形态、特征也处在与之协调变化和发展的过程中，体现了聚落营建与自然环境、生态环境、人文环境及军事环境的高度适应性。

对西海固地区的乡村聚落演变特征进行了深入的研究，表明：

（1）城—寨—堡的军事防御体系奠定了今天西海固地区的聚落分布格局；

（2）历代移民文化、宗教文化影响了回族聚落的空间格局；

（3）自然环境、气候的恶劣，自然资源的匮乏限定了当地的聚落营建。

8.1.2 结论二

在西海固这一少数民族聚居区，恶劣的生态环境、极度贫困的条件下，人类的生存空间和生产、生活都面临极大挑战。乡村聚落的分布、聚落的形态空间及乡土建筑的建造等基本特征都因这一先天不足的条件而受到深刻影响。西海固地区的生土营建体系充分地适应了该区域内建筑材料的供给特征，较好地满足了人们在环境极度恶劣、物质极度匮乏的条件下对生存空间的基本需求。

通过对西海固地区自然环境与聚落关系的研究，表明：

（1）半农半牧的生产方式决定了土地利用方式：通常人们会将位置较好、便于灌溉的川道、河谷、盆地以及平缓的丘陵地带作为耕地、牧地，而住宅则紧密联系着耕地、牧地布置在坡地、台地等不宜开垦种植的土地上。

（2）复杂多变的黄土丘陵区的地形地貌决定了聚落规模与空间形态：由于住宅不能大规模集中布置，故地区聚落规模往往较小，民居院落布置较为松散自由，建筑朝向也因地形原因多变而并不统一。

（3）寒冷多风的自然气候条件决定了聚落朝向：由于风受地形、地貌的影响，风向、风速发生变化，从而形成地方性风。聚落一般选择向阳的山坡位置，能够很好地利用山体抵挡风沙、减少寒流入侵。

气候与聚落营建之间的深层关系是：

（1）降雨与屋顶的关系是：根据当地降雨量的增减，西海固传统民居屋顶由北到南坡度和形式均不断变化，形成了独特的建筑风格，有平屋顶、单坡顶和双坡顶等丰富的民居屋顶形态。

（2）气温与聚落保温关系密切，主要表现在聚落选址背阴向阳、院落围合保暖空间、民居墙体厚重、门窗小而少、室内布局综合性强等方面。

（3）日照与聚落形态的关系为：聚落用地布局松散、房屋密度低，大而松散的横向院落布局、形态简洁而间距大的单体建筑布局、向阳而小进深的房间、绿化与遮阳并重。

（4）风与聚落营建的关系为：聚落选址背风向阳、高墙封闭型院落、挡风围护型建筑平面。

根据水资源、土地资源和建材资源等对聚落营建的影响进行分析研究，得出如下结论：

（1）西海固地区是全国水资源最匮乏的区域，水资源具有量少、质差、空间分布不均、时间变率很大等特征。

（2）聚落选址靠近水源，水资源的分布影响地区聚落的分布形态，同时，水资源承载力直接影响着地区聚落规模。

（3）西海固地区土地资源比较丰富，开发潜力较大，但是土地质量较差，旱作农业面积大且垦殖率高，坡地多。聚落建设用地分散，土地利用率低。研究表明，构成聚落的各类用地所形成的"圈层模式"呈现出以聚落公共中心区为核心，生产生活服务区、居住区域、农田耕作区以及聚落与外部环境融合的景观防护区依次逐层展开的特征。

（4）在气候干旱的黄土丘陵沟壑区，自古人类就选择了生土建筑作为栖息地，而今仍然能够看到大片的生土聚落在西海固地区持续发展。

8.1.3 结论三

由于受到地区自然环境、自然资源、自然气候的影响，产生在西海固地区的民居从其建筑外观、建筑结构、建筑构造以及建筑材料的选择上很难区分汉族还是回族民居，但从局部装饰、装修细节、空间布局、色彩处理等方面，回族民居则体现出了丰富的伊斯兰文化特征。整体上，回族聚落营建表现出一种融伊斯兰文化、中国传统文化等多种民族文化于一体的建筑艺术风格。

通过对西海固地区的人文宗教建筑的深入研究发现：

（1）西海固地区有着类型丰富的宗教建筑，当地回族聚落中心和生活的精神中心为宗教建筑；

（2）西海固地区的清真寺、拱北及道堂建筑几乎都采用的是传统木构建筑风格。当地宗教建筑，无论是建造方式、空间布局还是装饰艺术，无不渗透着回汉文化的深度融合。

（3）无论是宗教建筑还是民居建筑，回族聚落营建在建筑形态、构造以及装饰艺术方面无不体现着回汉文化融合的痕迹。

对回汉文化融合下的回族聚落与"寺坊"的深层关系进行研究，认为：

（1）回族聚落的物质边界与"寺坊"的心理边界往往不重合，"寺坊"更强调回族聚落的精神空间，聚落与"寺坊"常常有着三种组合关系。

（2）回族聚落营建礼仪与禁忌受到伊斯兰教和汉族传统文化的双重影响。

（3）对回汉聚落进行的比较研究表明，从应对自然环境、气候条件的角度看，回汉聚落选址特征、民居构造技术基本一致，而在聚落布局与空间形态、民居空间、宗教建筑装饰方面，回族聚落受到伊斯兰文化影响较多，更强调聚落精神空间的营造。

8.1.4　结论四

传统聚落是地区人类在其漫长的建设活动中顺应自然气候、应对生态环境，结合社会、宗教文化等因素不断创新的最重要的物质载体，而今天因为种种原因正在不断消亡。因此，传统聚落的保护与更新是我们当前迫在眉睫的任务。

传统聚落更新的引导原则是：

（1）保持传统村落活力的可持续发展原则；

（2）居民自发性与政府行为相结合的更新规划原则；

（3）基于产业转型的聚落空间形态多元化更新原则。

针对西海固地区传统聚落空间形态特征，结合当前农村产业转型的大背景，对传统回族聚落的保护与更新提出三种途径：

（1）以回族聚落人文、自然资源利用为核心的保护与发展；

（2）以循环农业为核心的农村绿色社区规划；

（3）以土地资源、水资源高效利用为核心的聚落更新。

传统乡土建筑技术的优化与提升包括：

（1）生土建筑选址的优化；

（2）生土建筑设计的改进；

（3）生土建筑材料的改性；

（4）生土建筑构造技术的改进。

8.1.5　结论五

人口的迁移在西海固的历史上时有发生，生态移民则是通过将生活在恶劣环境条件下的居民搬迁到生存条件较好的地区，从而减少对生态环境的继续破坏；同时通过异地开发，改善贫困人口的生存状态。在生态移民新村规划建设中必须坚持以移民的文化适应、生产方式以及穆斯林的宗教与生活习俗的调适为前提，以民居设计中适宜技术的应用为落脚点。

第一，结合产业布局的村庄规划与建设

（1）以农业为主的村落规划布局；

（2）以工业为主，农业为辅的村落规划布局；

（3）以文化旅游资源的开发利用为主导的村落规划布局。

第二，回族新村的空间形态组织

（1）村庄功能空间与结构——以清真寺为主导；

（2）村庄规模——以人口、土地资源条件为前提；

（3）村庄布局形态——以地形地貌为基础；

（4）新型居住空间的合理配置——以现代生活需求为目标。

8.2 需要进一步加强的工作

8.2.1 建议一

从区域城乡关系视角来研究西海固地区乡村聚落的空间结构是需要进一步加强的工作。

本文对西海固回族聚落的研究是将乡村与城镇划分为两个不同层次。将村落作为不同用地性质及各种结构关系组合而成的"面"进行研究，只涉及个别乡镇内的村落，同时，研究主要集中在乡村聚落单体空间结构上，在城乡联系弱的区域是有效的，但在城乡联系紧密的城镇村落就必须从区域城乡关系、城乡一体化等更为广阔的视角进行研究。

8.2.2 建议二

以丝绸之路经济带的发展为契机，进行西海固地区城乡风貌发展研究。

从人居环境、区域资源环境、社会经济、生活质量的角度出发，以区域发展的现实问题与美丽乡村建设、新型城镇化以及丝绸之路经济带发展带来的历史机遇为契机，进行西海固地区乡村风貌的挖掘、整理工作。着重保护西海固地区原有村镇整体景观格局，依托山水地形的村落布局模式，同时探索富有适应性的整体营建导则体系，以期解决地区性的特殊困难和问题。

附录　经堂常用语汉语对释

克尔白：即位于沙特阿拉伯王国麦加城的天房。

买斯吉德：教坊、清真寺、礼拜寺、礼拜堂。

邦克楼：也叫宣礼楼、宣礼塔，宣召教民来寺礼拜的楼或塔。

圣龛：也叫凹壁，大殿内西墙正中延伸进去的部分，是礼拜的方向标志，供阿訇领拜。

敏拜儿：也叫敏拜楼，大殿内阶梯形的宣礼台。木质，有扶手、栏杆等。

海乙：中心大清真寺叫海乙寺，也写作罕乙寺。

稍麻：小寺，只供附近教民平时礼拜，不举行主麻日聚礼。

拱北：著名阿訇、教主的坟墓，一般都加以建修美化。

麻扎：新疆称拱北为麻扎。

穆斯林：伊斯兰教民。

聚礼日：先知迁入麦地那的第一天（公元 622 年 9 月 26 日）为聚礼日（主麻日），这一天为普通的星期五，以后每星期五便成为穆斯林的"聚礼日"。

高目：寺坊的信众。

折麻提：集体。一座寺称为一个折麻提。

伊玛目：教长，领拜人。

海里凡：也叫满拉，在寺里读经的学生。

哈吉：赴麦加朝觐过的教民。

阿訇:对有丰富宗教知识,专门从事宣教的人的通称。也指主持清真寺教务的人。

开学：在任的掌教阿訇。

散学：辞去清真寺的阿訇职务。

阿拉伯人:亚洲西南部和非洲北部的主要居民，原住阿拉伯半岛，多信伊斯兰教。

尔德节：开斋节，教历十月初举行。

古尔邦节：宰牲节，也称忠孝节，小尔德。

乃玛孜：礼拜。

邦达：晨礼。

撒申：晌礼。

底格勒：晡礼。

沙目：昏礼。

虎夫坦：宵礼。

乜贴：举意、心愿。也指用于善事的施舍。

色兰：也叫色俩目。教民见面时的祝福语。

参考文献

[1] 马平."优胜劣汰"法则与少数民族传统文化保护 [J]. 宁夏社会科学，2009（3）71-75.

[2] 李钰，王军.1934~2008：西北乡土建筑研究回顾与展望 [J]. 西安建筑科技大学学报（自然科学版），2009（4）：556-560.

[3] 吴良镛.21世纪建筑学的展望 [J]. 城市规划，1998（6）：22：18.

[4] 马晓琴.回族文化中的生态价值研究——以宁夏南部山区为例 [J]. 回族研究，2008.

[5] 蔡琦.宁夏"西海固"地区农业产业化对策研究 [D]. 西北师范大学硕士论文，2002.

[6] 回族寺坊的历史钩沉.华宗教文化交流网（http：//www.crcca.net）

[7] 李钰.陕甘宁生态脆弱地区乡村人居环境研究 [D]. 西安建筑科技大学博士论文，2010.

[8] 李晓峰.乡土建筑——跨学科研究理论与方法 [M]. 北京：中国建筑工业出版社，2005：2.

[9] 杨文笔.西海固回族乡村"分坊建寺"调查与研究 [J]. 宁夏社会科学，2013.

[10] 魏秦.黄土高原人居环境营建体系的理论与实践研究 [D]. 浙江大学博士论文，2008.

[11] 张乾.聚落空间特征与气候适应性的关联研究 [D]. 华中科技大学博士论文，2012.

[12] 岳邦瑞.地域资源约束下的新疆绿洲聚落营造模式研究 [D]. 西安建筑科技大学博士学位论文，2010：12.

[13] 兰玲.泸沽湖岸摩梭传统聚落景观要素分析 [J]. 重庆建筑，2007.

[14] 赵治.广西壮族传统聚落及民居研究 [D]. 华南理工大学博士论文，2012.

[15] 郦大方.西南山地少数民族传统聚落与住居空间解析——以阿坝、丹巴、曼冈为例 [D]. 北京林业大学博士论文，2013.

[16] 王传胜，孙贵艳，朱珊珊.西部山区乡村聚落空间演进研究的主要进展 [J]. 人文地理，2011（10）.

[17] David L.Clarke, Spatial Archaeology, NewYork：Academis Press, 1977：3-9. 见：郑韬凯.从洞穴到聚落——中国石器时代先民的居住模式和居住观念研究

[D]. 中央美术学院博士学位论文，2009：75.

[18] 中国经济史论坛 人地关系理论与历史地理研究. 国学网（http：// economy.guoxu）

[19] 常青. 建筑人类学的发凡 [J]. 建筑学报，1992（05）：39–43.

[20] 张晓春. 建筑人类学之维——论文化人类学与建筑学的关系 [J]. 新建筑，1999（04）：63–65.

[21] 刘福智，刘加平. 传统居住形态中的"聚落生态文化" [J]. 工业建筑，2006（11）：48–51，66.

[22] 浦欣成. 传统乡村聚落二维平面整体形态的量化方法研究 [D]. 浙江大学博士论文，2012.

[23] 郑韬凯. 从洞穴到聚落——中国石器时代先民的居住模式和居住观念研究 [D]. 中央美术学院博士学位论文，2009.

[24] 张乾. 聚落空间特征与气候适应性的关联研究——以鄂东南地区为例 [D]. 华中科技大学博士论文，2012.

[25] 赵思敏. 基于城乡统筹的农村聚落体系重构研究——以咸阳市为例[D]. 西北大学博士论文，2013.

[26] 周庆华. 黄土高原·河谷中的聚落——陕北地区人居环境空间形态模式研究 [M]. 北京：中国建筑工业出版社，2009.

[27] 李钰. 陕甘宁生态脆弱地区乡村人居环境研究 [D]. 西安建筑科技大学博士论文，2010.

[28] Parikh–Niujinsi.The World Architectural History [M]. Hefei：Anhui Science and Technology Press，1990.

[29] Gabriel–Mandel.Islamic Art Appreciation[M].Peking：Peking University Press，1992.

[30] D– John Hogg .Islamic architecture / World Series Architectural History[M]. Peking：China Building Industry Press，1990.

[31] Sun Dazhang，Qiu Yulan.Islamicbuilds[M]. Peking：China Building Industry Press，2012.

[32] 赵玉珍. 明清时期长城沿线回民聚落的变迁 [D]. 中央民族大学硕士论文，2011.

[33] 李晓玲. 宁夏沿黄城市带回族新型住区空间布局适宜性研究 [M]. 北京：中国建筑工业出版社，2014.

[34] 刘永伟，张阳生，李奕近.10 年来国内乡村聚落研究进展综述 [J]. 安徽农业科学，2013.

[35] 哈迪斯蒂. 生态人类学 [M]. 北京：文物出版社，2002.

[36] 燕宁娜，王军. 西海固回族聚落形态类型与特征 [J]. 建筑与文化，2014（09）.

[37] 周传斌. 人文地理视野下的西海固. 人类生存与生态环境——人类学

高级论坛 2004 卷 .2004.

[38] 李心怡 . 回族地区早婚调查报告 [J]. 经营管理者，2014.

[39] 史念海 . 历史时期黄河中游的森林 . 河山集二集 [M]. 生活·读书·新知三联书店，1981.

[40] 薛正昌 . 宁夏历代生态环境变迁述论 [J]. 宁夏社会科学，2003（03）.

[41] 汪一鸣 . 历史时期宁夏地区农林牧分布及其变迁 [J]. 中国历史地理论丛 1988，1：126.

[42] 何彤慧 . 宁夏西海固地区的生态建设与可持续发展 [J]. 人文地理理，2000，15（4）：76-79.

[43] 陈忠祥 . 宁夏南部回族社区生态环境建设若干重要问题的探讨 [J]. 干旱区地理，2001，24（04）：338-341.

[44] 杨美玲，米文宝，廖力君 . 宁夏南部山区退耕还林（草）中的人口与发展问题研究 [J]. 水土保持研究，2004（09）.

[45] 汪一鸣 . 宁夏生态环境评价与科技发展战略 [M]. 银川：宁夏人民出版社，1990.10-16.

[46] 米文宝 . 西海固地区可持续发展中的生态环境问题及对策 [M]. 中国人口·资源与环境，2000，10（03）：79.

[47] 宁夏地震局编 . 宁夏地震目录 [M]. 银川：宁夏人民出版社，1988：5-110.

[48] 米文宝，陈忠祥，李龙堂 . 西海固贫困原因剖析与可持续发展对策 [J] 人文地理，1997，12（03）：70-74.

[49] 张小明 . 西部地区生态移民研究 [D]. 西北农林科技大学博士论文，2008.

[50] 米文宝，陈忠详，李龙堂 . 西海固贫困原因剖析与可持续发展对策 [J]. 人文地理，1997.

[51] 胡皓洋 . 新世纪宁夏少数民族作家小说创作探析 [D]. 宁夏大学硕士论文，2014.

[52] 白晓燕，孙兆敏，尚爱军等 . 宁南山区生态经济农业发展模式研究 [J]. 中国农学通报，2005，21（06）：363-366.

[53] 戴维皮尔斯，杰瑞米·沃福德 . 世界无末口 [M]. 北京：中国环境科学出版社，1996：325.

[54] 杨国涛 . 宁夏农村贫困的演进与分布研究 [D]. 南京农业大学博士论文，2006.

[55] 固原市地方志编纂委员会 . 固原市志（上）[M]. 银川：宁夏人民出版社，2009.

[56] 徐兴亚 . 西海固史 [M]. 兰州：甘肃人民出版社，2002：3.

[57] 周传斌 . 人文地理视野下的西海固 . 人类生存与生态环境——人类学高级论坛 2004 卷 .2004.

[58] 胡焕庸，严正元 . 人口发展和生存环境 [M]. 上海：华东师范大学出版社，

1992：162.

[59] 张跃东 . 宁夏区域文化的历史特征 [J]. 宁夏社会科学，1991.

[60] 汪一鸣 . 历史时期宁夏地区农林牧分布及其变迁 [M]. 中国历史地理论丛 .1988：101–129.

[61] 郭勤华 . 固原历史 [M]. 银川：宁夏人民出版社，2008：7.

[62] 徐兴亚 . 西海固史 [M]. 兰州：甘肃人民出版社 2002：3.

[63] 张维慎 . 宁夏农牧业发展与环境变迁研究 [D]. 陕西师范大学博士论文，2002：16.

[64] 史念海 . 河山集初集 [M]. 生活·读书·新知三联书店，1963：10–11.

[65] 汪一鸣 . 宁夏人地关系演化研究 [M]. 银川：宁夏人民出版社，2005：103–110.

[66] 刘景纯 . 历史时期宁夏居住形式的演变及其与环境的关系 [J]. 西夏研究，2012（03）：96–119.

[67] 史记（卷一一〇）匈奴列传第五十 [M]. 北京：中华书局，1982：2885.

[68] 郑彦卿 . 宁夏及周边地区生态环境的历史演化与重建 [J]. 宁夏社会科学，2006（6）139：107–109.

[69] 固原县志 [M]. 银川：宁夏人民出版社，1993：929.

[70] 固原地区志 [M]. 银川：宁夏人民出版社，1994：72.

[71] 徐兴亚 . 西海固史 [M]. 兰州：甘肃人民出版社，2002：46–47.

[72] 汪一鸣 . 宁夏人地关系演化研究 [M]. 银川：宁夏人民出版社，2005：11，135–136.

[73] 王北辰 . 固原地区地理述要 [J]. 宁夏史志研究，1986（2）.

[74] 周伟洲 . 魏晋十六国时期鲜卑族向西北地区的迁徙及其分布 [J]. 民族研究，1983（5）.

[75] 固原县志办公室 . 民国固原县志（上卷）之三·居民志 [M]. 银川：宁夏人民出版社，1991：171.

[76] 鲁人勇，吴忠礼，徐庄 . 宁夏历史地理考 [M]. 银川：宁夏人民出版社，1993：165.

[77] 汪一鸣 . 历史时期宁夏地区农林牧分布及其变迁 [M]. 中国历史地理论丛，1988.

[78] 刘景纯 . 历史时期宁夏居住形式的演变及其与环境的关系 [J]. 西夏研究，2012.

[79] 梁方仲 . 金史·地理志——中国历代户口、田地、田赋统计 [M]. 上海：上海人民出版社，1980.

[80] 李钰 . 陕甘宁生态脆弱地区乡村人居环境研究 [D]. 西安建筑科技大学博士论文，2010.

[81] 徐兴亚 . 西海固史 [M]. 兰州：甘肃人民出版社，2002：189–195.

[82] 张启芮. 靖远县磨子沟三角城初探 [J]. 丝绸之路，2011.

[83] 薛正昌. 历代移民与宁夏开发（下）[J]. 宁夏社会科学，2005，132（5）：132.

[84] 陈明猷. 宁夏历史人口状况·贺兰集 [M]. 银川：宁夏人民出版社，1994：34.

[85] 汪一鸣. 历史时期宁夏地区农林牧分布及其变迁 [M]. 中国历史地理论丛.1988.

[86] 陈忠祥，束锡红. 宁夏南部回族社区形成的环境分析 [J]. 经济地理，2002.

[87] 刘伟，黑富礼. 固原回族 [M]. 宁夏人民出版社，2000：21.

[88] 刘天明. 西北回族社区地域分布和自然环境 [J]. 青海社会科学，2000.

[89] [法] 阿·德芒戎. 人文地理学问题 [M]. 北京：商务印书馆，1993：217.

[90] 周训芳. 论环境权的本质——一种"人类中心主义"环境权观 [J]. 林业经济问题，2003.

[91] 张允，赵景波.1644~1911年宁夏西海固干旱灾害时空变化及驱动力分析 [J]. 干旱区资源与环境，2009.

[92] 曹象明，曹东盛. 宁夏脆弱生态环境条件下城镇体系空间布局研究 [A].2004城市规划年会论文集（下），2004.

[93] 杨利. 气候变化对宁夏地区农作物生产的影响及相应对策 [J]. 农业与技术，2013.

[94] 李丽. 宁夏能源利用与可持续发展 [D]. 华侨大学硕士论文，2004.

[95] 桑建人，刘玉兰，林莉. 宁夏太阳辐射特征及太阳能利用潜力综合评价 [J]. 中国沙漠，2006.

[96] 崔树国. 宁夏南部山区土地资源可持续利用研究 [D]. 西北大学硕士论文，2003.

[97] 岳邦瑞，王庆庆，侯全华. 人地关系视角下的吐鲁番麻扎村绿洲聚落形态研究 [J]. 经济地理，2011.

[98] 田莹. 自然环境因素影响下的传统聚落形态演变探析 [D]. 北京林业大学硕士学位论文，2007：19.

[99] 许志建，朱峰，鱼艳妮. 生土材料性能及其施工方法浅议 [J]. 信息科技，2009（09）：424.

[100] 童丽萍，韩翠萍. 黄土材料和黄土窑洞构造 [M]. 施工技术，2008，37（02）：107-108.

[101] 王战友. 村镇住宅围护结构的热工设计 [J]. 西安建大科技，2007，66（02）：27-30.

[102] 侯继尧，王军. 中国窑洞 [M]. 郑州：河南科学技术出版社，1999：28.

[103] 束锡红. 宁夏回族社区类型形成的历史文化原因比较——兼与西道

堂回族社区对比 [J]. 宁夏社会科学，1999.

[104] 张晓瑞 . 道教生态思想下的人居环境构建研究 [D]. 西安建筑科技大学博士论文，2012.

[105] 高彩霞 .19 世纪中叶以后的宁夏教堂建筑研究 [D]. 西安建筑科技大学硕士论文，2006.

[106] 燕宁娜，王军 . 宁夏回族建筑形态及其可识别特征成因 [J]. 四川建筑科学研究，2013.

[107] 周佩妮 . 宁夏境内现存明长城构筑方式探析 [J]. 丝绸之路，2011.

[108] 薛正昌 . 宁夏历史地理与文化论纲 [J]. 固原师专学报，2006.

[109] 马宗保 . 试析回族的空间分布及回汉民族居住格局 [J]. 宁夏社会科学，2000，3（100）：95-100.

[110] 陆玉麒 . 回族的空间迁移过程与民族心理素质的基本特点 [J]. 宁夏社会科学，1988.

[111] 刘天明 . 西北回族社区地域分布和自然环境 [J]. 青海社会科学，2000（01）：90-95.

[112] 南文渊 . 伊斯兰教与西北穆斯林社会生活 [M]. 西宁：青海人民出版社，1994：115.

[113] 丁国勇 . 宁夏回族 [M]. 银川：宁夏人民出版社，1993：19.

[114] 高占福 . 丝绸之路上的甘肃回族 [J]. 宁夏社会科学，1986，（2）.

[115] 丁国勇等 . 回回人居宁夏及其发展演变概况 [J]. 宁夏社会科学，1982（4）.

[116] 张天路等 . 中国穆斯林人口 [M]. 银川：宁夏人民出版社，1991：163.

[117] 佘贵孝 . 固原回族研究 [M]. 内部出版物，1997：19.

[118] 周传斌 . 西海固伊斯兰教的宗教群体和宗教组织 [J]. 宁夏社会科学，2002（09）：25.

[119] 燕宁娜，赵振炜 . 宁夏清真寺建筑研究 [M]. 银川：宁夏人民出版社，2014.

[120] 邱玉兰，于振生 . 中国伊斯兰教建筑 [M]. 北京：中国建筑工业出版社，1992.

[121] 拉普普 . 住屋形式与文化 . 张玫玫译 [M]. 台北：境与象出版社 .1976：38.

[122] 马海滨 . 清真寺与道观寺庙的位置选择 [J]. 回族研究，2001.

[123] 陆俊 ."变"的精神——谈中国内地传统清真寺建筑 [J]. 新建筑，2002.

[124] 吴玉敏，王岚 . 从北京清真寺的建筑形态看建筑文化的适应性与包容性——北京清真寺建筑初探（二）[J]. 古建园林技术，1996.

[125] 燕宁娜，王军 . 回汉融合视野下的拱北建筑群解析 [J]. 中国名城，2012（05）.

[126] 徐兴亚. 西海固史 [M]. 兰州：甘肃人民出版社，2002：266.

[127] 毕敏，冀开运. 固原南古寺拱北的历史渊源及其功能分析 [J]. 商洛学院学报 2009（6）：55 ~ 58.

[128] 刘伟. 宁夏回族建筑艺术 [M]. 银川：宁夏人民出版社，2006，11：92.

[129] 洪梅香，刘伟. 回族雕刻艺术 [M]. 银川：宁夏人民出版社，2008，9：49-50.

[130] 燕宁娜，王军. 宁夏回族建筑形态及其可识别特征成因 [J]. 四川建筑科学研究，2013（06）.

[131] 陈育宁，汤晓芳. 回族古代宗教建筑的文化艺术特征 [J]. 西北民族研究，2007.

[132] 毕敏，冀开运. 固原南古寺拱北的历史渊源及其功能分析 [J]. 商洛学院学报，2009.

[133] 马平. "文化借壳"：伊斯兰文化与中国传统文化有机结合的手段——关于嘎德忍耶门宦九彩坪道堂的田野考察 [J]. 西北第二民族学院学报（哲学社会科学版）2007，76（04）：5-10.

[134] 周传斌. 西海固伊斯兰教的宗教集体和宗教组织 [J]. 宁夏社会科学，2002，5（114）：69-76.

[135] 马宗保. 试论回族社会的"坊" [J]. 宁夏社会科学，1994，67（5）：16-22.

[136] 李仁. 韦州回族社区之调查 [J]. 西北第二民族学院学报（哲学社会科学版），1991.

[137] 马德邻，吾淳，汪晓鲁. 宗教，一种文化现象 [M]. 上海：上海人民出版社，1987：89.

[138] 郝宏丽. 宁夏南部回族民居特征研究 [D]. 青岛理工大学硕士论文，2007.

[139] 马惠兰. 从宁夏回汉民族的迁入和形成过程看两种文化的并存机制 [J]. 宁夏大学学报（人文社会科学版），2006，28（2）：115-117.

[140] 李玉琴. 生态环境观在回族文化中的体现 [J]. 艺海，2013：243-244.

[141] 张晓瑞. 道教生态思想下的人居环境建构研究 [D]. 西安建筑科技大学博士论文，2012：49-50.

[142] 余谋昌. 惩罚中的醒悟——走向生态伦理学 [M]. 广州：广东教育出版社，1995：77-78.

[143] 马晓琴. 回族文化中的生态知识及其在区域生态环境保护中的应用——以宁夏南部山区为例 [D]. 宁夏大学硕士论文，2006：2.

[144] 曹象明. 宁夏脆弱生态环境条件下城镇体系空间布局研究 [D]. 西安建筑科技大学硕士论文，2003.

[145] 王重玲. 宁夏中部干旱带农村居民点空间布局优化研究 [D]. 宁夏大学硕士论文，2014.

[146] 张楠. 作为社会结构表征的中国传统聚落形态研究 [D]. 天津大学博士论文，2010.

[147] 余奔哲. 高要市蚬岗镇八卦村传统聚落研究 [D]. 华南理工大学硕士论文，2011.

[148] 蔡凌. 建筑·村落·建筑文化区——中国传统民居研究的层次与架构探讨 [J]. 新建筑，2005.

[149] 郑凯. 陕西华县韩凹村乡村聚落形态结构演变初探 [D]. 西安建筑科技大学硕士论文，2006：17-18.

[150]（美）杰里米·A·萨布罗夫，温迪·阿什莫尔. 美国聚落考古学的历史与未来 [J]. 陈洪波译. 中原文物，2005（4）：54-62.

[151] 孙施文. 现代城市规划理论 [M]. 北京：中国建筑工业出版社，2007：256.

[152] 吴良镛. 地域建筑文化内涵与时代批判精神——《批判性地域主义——全球化世界中的建筑及其特性》中文版序 [J]. 重庆建筑，2009，64（02）：53.

[153] 王军. 西北民居 [M]. 北京：中国建筑工业出版社，2010：57.

[154] 马劲. 浅谈伊斯兰教对回族审美心理的影响 [J]. 阿拉伯世界，1995（03）.

[155] 丁克家. 至真至美的回族艺术 [M]. 银川：宁夏人民出版社，2008：001.

[156] 纳文汇，马兴东. 云南回族文化史 [M]. 昆明：云南民族出版社，2000.

[157] 王军. 西北民居 [M]. 北京：中国建筑工业出版社，2010.

[158] 李陇堂. 防灾减灾：西海固地区可持续发展的基础 [J]. 中国人口·环境与资源，2000，10（03）：85-87.

[159] 高彩霞，赵晓勇，汪一鸣. 宁夏南部黄土丘陵区村镇抗震防灾规划研究 [J]. 小城镇建设，2011（4）：38-40.

[160] 黄玉明. 基于沼气综合利用的生态农业循环经济模式 [J]. 农业工程技术（新能源产业），2011.

[161] 孙琳，朱志玲，郑芳. 宁夏生态移民环境感知与环境适应策略研究 [J]. 安庆师范学院学报（自然科学版），2014.

[162] 王红艳. 宁夏生态移民新农村建设的几点思考 [J]. 西北人口，2007，28（02）：55-58.

[163] 李禄胜. 宁夏移民安置地村落建设问题研究——基于红寺堡移民开发区的实证分析 [J]. 宁夏社会科学，2009，1（152）：52-55.

[164] 马小平，赖天能. 文化适应与社区重建：基于宁夏闽宁镇移民社区的实地研究 [J]. 赤峰学院学报（汉文哲学社会科学版），2008.

[165] 丁明俊. 移民安置与回族"教坊"的重构——以宁夏红寺堡移民开发区为例 [J]. 回族研究，2013，1（89）：81-90.

[166] 马亚利，李贵才，刘青，龚华. 快速城市化背景下乡村聚落空间结构变迁研究评述 [J]. 城市发展研究，2014.

[167] 陆琦，梁林，张可男.传统聚落可持续发展度的创新与探索 [J].中国名城，2012.

[168] 卢健松.自发性建造视野下建筑的地域性 [D].清华大学博士论文，2009：1.

[169] 杨睿.关于中国生土民居生态化改造的研究 [D].中央美术学院硕士论文，2005.

[170] Turner J F C，Fichter R.Freedom to Build：Dweller Control of the Housing Process[M].London：Macmillan Publishing Company，1972.

[171] 王树声,李慧敏.夏门古村落人居环境规划中的"自然智慧"初探 [J].西安建筑科技大学学报（社会科学版），2008，3（27）：50–54.

[172] 王鲁云.宁夏旅游资源特征及其开发 [J].中国商贸，2010.

[173] 沙爱霞.宁夏纳家户民族生态旅游村的建设研究 [J].宁夏大学学报(自然科学版)，2004.

[174] 李刚军.宁夏水资源承载力研究 [D].西安理工大学硕士学位论文，2002.

[175] 中华人民共和国住房和城乡建设部.GB 50025—2004 湿陷性黄土地区建筑规范 [S].北京：中国建筑工业出版社，2004.

[176] 吴恩融，穆均.基于传统建筑技术的生态建筑实践——毛寺生态实验小学与无止桥 [J].时代建筑，2007，（04）：50–57.

[177] 吴恩融，穆均.基于传统建筑技术的生态建筑实践——毛寺生态实验小学与无止桥 [J].时代建筑，2007（04）：50–57.

[178] 曹少康，王炳英，霍富国.宁夏生土建筑的抗震性能 [J].工程抗震，1988（04）：39–41.

[179] 周铁钢，穆均，杨华.抗震夯土民居在灾后重建中的应用与实践 [J].世界地震工程，2010（09）：150.

[180] 马伟华.移民的文化适应：宁夏吊庄移民生活习俗调适调查研究——以芦草洼吊庄（兴泾镇）为例 [J].西北第二民族学院学报（哲学社会科学版），2007，6：36–40.

[181] 汪一鸣，牛慧恩."吊庄"——宁夏新区开发的一种模式 [J].干旱区资源与环境，1993.

[182] 马小平.人类学视野下生态移民的文化变迁——基于宁夏永宁县闽宁镇移民社区的调查研究 [D].西北民族大学硕士论文，2010：31.

[183] 苏倩.宁夏生态移民发展状况分析及对策研究 [D].宁夏大学硕士论文，2013.

[184] 陈忠祥.宁夏回族社区空间结构特征及其变迁 [J].人文地理，2000，5（15）：39–42.

[185] 王君兰，汪建敏.宁夏干旱区新建绿洲村镇居民点与基础设施布局初探 [J].干旱区资源与环境，1997.

[186] 吴琛，张永胜.对建筑中节能适宜技术设计策略的思考 [J].科学之友，2010.

[187] 王帅，魏春雨.建筑设计中适宜技术生态策略的研究 [J].华中建筑，2008.

[188] 余俊骅，刘煜，唐权.关中地区农村住宅的绿色生态设计策略及适宜技术浅析 [J].华中建筑，2010.

[189] 吕游.乡村住宅适宜生态技术应用研究 [D].湖南大学硕士论文，2008，05：16.

[190] 徐善忠.宁夏吴忠市鲁家窑生态移民项目太阳能应用 [J].建设科技，2013.

[191] 黄勇.供暖育雏舍与育雏箱耦合系统热特性与节能技术研究 [D].重庆大学硕士论文，2005.

后　记

本书在作者博士论文基础上改写而成。

恩师王军教授早在八年前就是我硕士论文的评阅人，从那时起便跟随先生开始了地域文化与乡土建筑的艰辛而又富于生机的研究之旅。从硕士论文评阅、答辩、国家自然科学基金项目的成功申报到博士论文的选题、写作，八年的心路历程无不渗透着恩师王军教授的心血与汗水。先生严谨的治学态度、敏锐的学术前瞻性、开明的学术思想，对我的影响是最深刻的。在著作完成之际，谨向导师致以最崇高的敬意和由衷的感谢！

非常感谢北京建筑大学刘临安教授在国家自然科学基金选题阶段给予的重要指导与帮助。

非常感谢西北工业大学刘煜教授在百忙之中对论文的多次审阅及提出的重要指导性意见！感谢华南理工大学唐孝祥教授对论文提出的宝贵意见！

非常感谢西安建筑科技大学杨豪中教授、李志民教授、张沛教授、任云英教授、王树声教授为论文提出的宝贵意见！

非常感谢我的同门学友岳邦瑞教授在国家自然科学基金申请过程中给予的无私帮助，感谢岳老师在博士论文选题、撰写、修改过程中给予的重要指导及热情帮助！

非常感谢我的同门学友李钰博士在论文选题、写作、送审等各个阶段给予的无私帮助，感谢李老师在论文撰写、修改过程中给予的重要指导及热情帮助！

非常感谢我的同门挚友贺文敏博士在论文撰写过程中的不断督促与鼓励！感谢靳亦冰博士、崔文河博士给予的热情帮助！

非常感谢宁夏大学副校长田军仓教授、土木与水利工程学院书记马正亮老师及其他同事在博士学位攻读期间所给予的大力支持与帮助！

非常感谢宁夏社会科学院刘伟研究员在博士论文期间多次调研、测绘的陪同以及资料收集工作的大力支持！

非常感谢我的同事兼好友王晓燕副教授，固原聚落实例的规划指导工作为我的论文增色不少！

非常感谢我亲爱的学生王鑫、张继龙、杨孝玲、李怡涵、王磊心、李晓锋、喜雄虎、宋洋洋，感谢你们冒着严寒、酷暑和我一起远赴青海、甘肃、固原、同心、西吉、海原、隆德等地调研测绘，并认真进行数据整理与图纸绘制！

非常感谢宁夏文化厅卫忠副厅长在论文资料收集阶段给予的大力支持！

非常感谢宁夏文化厅马建军研究员、宁夏博物馆何新宇教授提供的热情帮助！

感谢宁夏回族自治区住房城乡建设厅、固原博物馆、自治区图书馆、自治区博物馆、吴忠市文物局、同心县规划局、彭阳县文管所固原市住建局等各级单位给予的大力支持！

感谢宁夏大学在博士学位攻读过程中给予的大力支持！

感谢国家自然科学基金委的资助，感谢宁夏回族自治区科技支撑计划项目的资助，感谢西安建筑科技大学建筑学院、研究生院、图书馆的相关工作人员给予的帮助。

感谢为此书出版而付出心血的中国建筑工业出版社的唐旭主任、杨晓编辑。

值此收获的时刻，怎能忘记家人给予的帮助。万分感谢父亲、母亲的谆谆教导，多年以来无私的奉献，是你们让我认识到家人是我最大的财富和动力源泉！感谢公婆的支持！感谢兄长、嫂子的理解与支持；特别感谢我的先生赵振炜高级工程师，在博士论文期间无数次调研、测绘的陪同，论文瓶颈期间给予的鼓励与开导；感谢爱子赵世宇在酷暑中陪同前往西安撰写论文，使我能够在纷乱、喧嚣的世俗生活中独享一片清净。感谢我最亲爱的家人！

燕宁娜
2015 年隆冬于银川